YO LES GENS

LE MOTEUR THERMIQUE (COMBUSTION INTERNE) POUR LES NULS
- LES BASES -

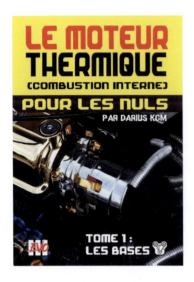

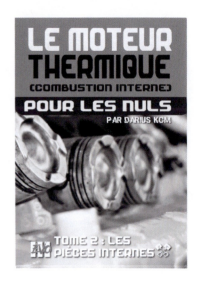

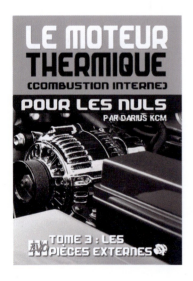

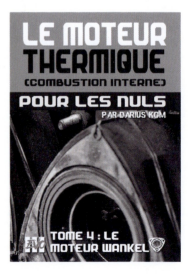

LE MOTEUR THERMIQUE (COMBUSTION INTERNE) POUR LES NULS
- LES BASES -

LE MOTEUR THERMIQUE (COMBUSTION INTERNE) POUR LES NULS
- LES BASES -

Ce livre regroupe les technologies, les systèmes et les moyens les plus couramment utilisés, je vais donc principalement parler des moteurs les plus couramment utilisés et de leur fonctionnement, merci de votre compréhension !

LE MOTEUR THERMIQUE (COMBUSTION INTERNE) POUR LES NULS
- LES BASES -

SOMMAIRE

Qui est Darius KCM ? 4

PRÉFACE 5

QU'EST-CE QU'UN MOTEUR À COMBUSTION INTERNE 6

HISTOIRE 9
- PARTIE 1 : LES MOTEURS À VAPEUR (Spchit, Spchit!!!!) 10
- PARTIE 2 : LE MOTEUR À EXPLOSION 13

FONCTIONNEMENT 23
- Définition 23
- Le fonctionnement des moteurs 33
  - Moteur 4 temps 34
  - Moteur 2 temps 35
  - Le moteur rotary Wankel 38

Les différents moteurs à combustion interne et leurs différences 43
- Le moteur à essence 44
- Moteur diesel 46
- Moteur GPL,GNV, hydrogène, tout simplement à gaz (et je ne parle pas de la musique d'Initial D du même nom « MANUEL / GAS GASGAS ») 48

Moteur atmosphérique et suralimenté 51
- Les moteurs atmosphériques et suralimentés 51
  - Il existe principalement 2 types de suralimentations : 54

Les architectures moteur 61
- Qu'est-ce que l'architecture moteur ? 61
  - Le moteur en V 62
  - Moteur VR (dérivée moteur en V) 65
  - Moteur à plat 68
  - Moteur en ligne 71
  - Moteur W 73
  - Moteur en U 75
  - Moteur en étoile 78

Remerciement 82

LE MOTEUR THERMIQUE (COMBUSTION INTERNE) POUR LES NULS
- LES BASES -

QUI EST DARIUS KCM ?

Alors qui suis-je ?

Je suis un auto-entrepreneur passionné de voiture depuis tout petit, je suis actuellement le propriétaire de la chaîne YouTube « All Motors Glory ».

J'ai ouvert ma chaîne YouTube le 4 mai 2016, avec une autre chaîne du nom de « Full Meca Bikes and Cars », que pas mal de personnes dans le monde de l'automobile connaissent grâce à la vidéo sur l'histoire du 2jz, un moteur Toyota devenu célèbre dans la Toyota Supra MK4 (appelé A80). Mais suite à divers problèmes, j'ai préféré repartir de zéro et créer la chaîne YouTube « All Motors Glory ».

Je suis passionné de mécanique et de voiture, notamment les japonaises (mais j'aime de tout, Française, Américaines, Allemande, sauf les voitures électriques, le pire cauchemar environnemental pour notre planète d'ailleurs 😮), et j'adore les voitures modifiées ; d'ailleurs, j'ai une Mazda MX-5 Nb et une Mazda 3 Sedan de première génération.

Je suis également écrivain, j'ai donc écrit un autre livre intitulé « 30 voitures de légende, le Panthéon de l'automobile » et cette série de livres intitulés « le moteur thermique pour les nuls », dans le seul but de montrer qu'un moteur thermique n'est pas si compliqué que cela, et que cette orfèvrerie mécanique est absolument passionnante. Cela vous permettra, en plus, de comprendre comment fonctionne un moteur de voiture (ainsi que de bateau, moto, etc.), de pouvoir vous faire économiser de l'argent en évitant les arnaques, ou mieux, en vous donnant l'envie de faire de la mécanique et/ou de réparer votre voiture vous-même. En prime, vous pourrez ennuyer un peu le gouvernement, ce n'est pas pour rien que l'on n'enseigne pas le fonctionnement des moteurs ou d'une voiture à l'école. 😉

Et si vous voulez en apprendre davantage, rejoignez-moi sur YouTube sur ma chaîne « All Motors Glory ».

LE MOTEUR THERMIQUE (COMBUSTION INTERNE) POUR LES NULS
- LES BASES -

PRÉFACE

Ce livre a pour but de vous montrer le fonctionnement des moteurs à combustion interne, des moteurs thermiques, de manière simple, drôle et efficace, que même un enfant de 12 ans peut lire, pour que vous puissiez connaître les moteurs et je l'espère, comprendre les fans de voitures, de motos et de mécanique. Pour que vous puissiez voir la beauté et l'aura qui se dégage des moteurs thermiques et qui nous pousse tous, fans de mécanique, à nous lever le matin et vivre de cette passion. Cette série de livres sera une série de 4 livres sur les moteurs thermiques ; ces 4 tomes vous permettront de comprendre le fonctionnement et d'agir en cas de besoin sur le moteur de votre belle voiture, d'en prendre également soin, ce qui vous fera économiser de l'argent par la même occasion.

Et dans ce premier livre, on va parler des bases, des choses simples, « de l'écorce de l'information », comme le dirait Kevin Trudeau.

Tout ce livre a été extrêmement simplifié pour qu'il puisse être lu par tout le monde et a été conçu pour être partagé à votre entourage, et notamment aux enfants. Ce livre a été conçu par un passionné pour vous, gens lambda, afin que vous puissiez comprendre la mécanique et les moteurs thermiques, appelé les moteurs à combustion interne. En tout cas, j'espère qu'il vous plaira et que vous le comprendrez, je compte sur vous et vos avis.

Merci d'avoir acheté ce livre et je vous souhaite du fond du cœur bonne lecture.

LE MOTEUR THERMIQUE (COMBUSTION INTERNE) POUR LES NULS
- LES BASES -

QU'EST-CE QU'UN MOTEUR À COMBUSTION INTERNE

Un moteur à combustion interne, encore appelé « moteur thermique », c'est le moteur d'une voiture, c'est le cœur de la bête, qui est ceci :

LE MOTEUR VUE D'EXTÉRIEUR

C'est le cœur d'une voiture et d'une moto, un monstre de métal divin et c'est une machine dans laquelle l'énergie dégagée par la combustion du carburant (donc par le carburant qui explose et se consume), est transformée en énergie mécanique (donc le moteur qui tourne) directement à l'intérieur du moteur.

Pour faire simple :

Un peu de carburant, de l'air, une étincelle (ou pas) ; et ALLUMEZ LE FEU !!!

Hum Hum, désolé, je me suis emporté, donc je disais…, et la voiture avance comme par magie, avec en prime un très joli bruit (et dire qu'il remplace ce truc par des machines électriques sans aucun charme et polluantes, quelle HONTE !).

LE MOTEUR THERMIQUE (COMBUSTION INTERNE) POUR LES NULS
- LES BASES -

Voici l'intérieur d'un moteur

Le moteur classique se compose d'une multitude de pièces. En soi, son fonctionnement est simple, mais pour diverses raisons, le moteur possède plus ou moins une centaine de pièces, même si au fur et à mesure des avancées technologiques, le nombre de pièces se réduit de plus en plus.

Je vous expliquerai le fonctionnement et le rôle de chaque pièce du moteur alternatif (du moins les pièces principales) dans les tomes 2 et 3 de cette série de livres.

LE MOTEUR THERMIQUE (COMBUSTION INTERNE) POUR LES NULS
- LES BASES -

HISTOIRE

L'automobile ! La machine qui a transformé le déplacement dans le monde ; la création qui a créé la plus grande communauté de belles mécaniques et qui regroupe des centaines de millions voire quelques milliards de passionnés à travers le monde ; c'est la machine qui a créé une religion dans certains endroits du globe comme le Texas, le Japon ou encore certains DOM-TOM français, comme l'île de la Réunion.

L'automobile prend naissance au XIXe siècle, et la technique (et je ne parle pas de technique de combat, bien évidemment) maîtrisée à cette époque fait alors la part belle à la bonne vieille vapeur comme source d'énergie. Elle s'oriente ensuite massivement vers le pétrole et le moteur à explosion que l'on connaît aujourd'hui, même si d'autres possibilités techniques ont été mises en œuvre – avec plus ou moins de réussite –, comme la voiture électrique (oui, la voiture électrique existe depuis bien avant les voitures thermiques), et qui succomberont, faute de moyens et d'efficacité.

Ce sont ces fabuleuses évolutions, intimement liées à celles de l'automobile, que nous allons présenter dans ce livre sur les moteurs thermiques : tout simplement, le moteur de votre voiture ou de votre moto.

LE MOTEUR THERMIQUE (COMBUSTION INTERNE) POUR LES NULS
- *LES BASES* -

PARTIE 1 : LES MOTEURS À VAPEUR (Spchit, Spchit!!!!)

C'est en 1769 que l'idée de Ferdinand Verbiest (celui qui est à l'origine de l'automobile, surtout sur papier) est reprise par le célèbre Français Joseph Cugnot qui présente son « fardier à vapeur », comme il le nomme. C'est un gros chariot en acier plein, aussi gros et lourd que Baba Michelin (la mascotte blanche de la marque de pneumatique Michelin). À la base, tirés par des chevaux, les fardiers militaires de l'époque sont des chariots destinés à porter de lourdes pièces d'artillerie comme des canons par exemple. Mais celui-ci est propulsé par une grosse chaudière à vapeur (qui ressemble à un très gros ballon). Développé pour le milieu militaire, cet engin autopropulsé est destiné à déplacer de lourds canons de l'armée. Le genre de véhicule qui dépasse facilement, très facilement les 10 tonnes, et atteint une vitesse d'environ 4 km/h, pour une autonomie moyenne de 15 minutes. Le fardier ne possède ni direction ni vrai frein, ce qui se révélera problématique dans beaucoup de situations puisque c'est aussi grâce à elle que le premier accident de voiture est né, car elle n'avait aucun vrai système de freinage. Elle est considérée et reconnue comme la toute première automobile au monde.

Les progrès réalisés dans le domaine des machines à vapeur incitent certains à se pencher de nouveau sur les véhicules à vapeur. C'est en Angleterre, pionnière dans le développement des chemins de fer et des trains, que l'automobile à vapeur prend son élan. Néanmoins, un décret datant de 1839 va alors casser tous les espoirs de l'automobile à vapeur, le décret ayant pour objectif de limiter la vitesse à 10 km/h pour les diligences à vapeur, ainsi que d'instaurer la fameuse obligation du «

LE MOTEUR THERMIQUE (COMBUSTION INTERNE) POUR LES NULS
- LES BASES -

LocomotiveAct » pour éviter les accidents (comme quoi, même à l'époque, on se moquait déjà de l'intelligence des gens en matière de sécurité routière), imposant aux véhicules automobiles d'être précédés d'un homme à pied agitant un grand drapeau rouge, ce qui met un terme une fois pour toutes au développement des voitures à vapeur en Angleterre.

C'est donc en France que l'automobile à vapeur reprend son cours. Parmi les plus fameuses et folles adaptations de la propulsion à vapeur, il convient de mentionner celle d'Amédée Bollée qui commercialise en 1873 la première véritable automobile à vapeur, un véhicule appelé « L'Obéissante », qui pouvait transporter douze personnes, et dont la vitesse de pointe était de 40 km/h, soit 10 fois plus que le fardier de Cugnot.

Nous sommes donc d'accord pour dire que « l'Obéissante » est l'ancêtre du bus, car transporter 12 personnes, pas sûr que cela serait envisageable aujourd'hui.

Cependant, étant donné que les commandes étaient très faibles, Bollée est vite en proie à des difficultés financières, si bien qu'il abandonne le projet... Bollée conçoit ensuite, en 1876, un omnibus à vapeur dont les quatre roues sont motrices et directrices, puis en 1878 une voiture appelée « la Mancelle », plus légère que son premier modèle (2,7 tonnes), et qui dépasse facilement les 40 km/h.

LE MOTEUR THERMIQUE (COMBUSTION INTERNE) POUR LES NULS
- *LES BASES* -

En 1845, quelque chose va révolutionner l'automobile, et même si ce n'est pas directement en lien avec le moteur thermique, il s'agit d'une date charnière. Cette année-là, le tout premier pneu a été inventé par Robert William Thomson. Malgré cette invention, il aura fallu attendre 1888 pour qu'un vétérinaire écossais du nom de John Boyd Dunlop dépose le premier brevet du tout premier pneu.

Cette invention reste en lien avec le moteur thermique, car celui-ci a permis un meilleur contact avec la route. Il a permis aussi au moteur d'être plus performant, car jusqu'ici, les roues étaient des pneus pleins, la plupart du temps en bois, donc plus lourdes qu'un pneu en caoutchouc. Pour ce faire, Dunlop imagine une simple membrane de caoutchouc remplie d'air comprimé. C'est ainsi que naît le pneu à valve.

En 1889, afin de commercialiser à plus grande échelle le pneu à valve, Dunlop rachète le procédé de vulcanisation de Charles Goodyear (oui, le créateur des pneumatiques du même nom) et fonde la première manufacture de pneumatiques. En effet, ce procédé permet de stabiliser le caoutchouc afin qu'il résiste mieux aux écarts de température, ce qui permet au pneu de durer plus longtemps et d'être plus résistant sur la route.

En 1881, le modèle « La Rapide », équipée de six places et pouvant atteindre 63 km/h, est présenté. D'autres modèles suivront, mais la propulsion à vapeur est alors à ses limites et s'avère une impasse en matière de rapport poids/performance.

L'Exposition universelle de 1889 (ça remonte) est l'occasion de présenter le premier véhicule à vapeur, à mi-chemin entre l'automobile et le tricycle. C'est tout simplement un tricycle motorisé sur lequel on a mis un vieux canapé, développé par Léon Serpollet et Armand Peugeot (oui, celui qui créa la première automobile Peugeot). Mais malgré l'ensemble de ces prototypes, l'automobile n'est pas encore réellement lancée, la faute aux limites des moteurs à vapeur, et il faut attendre les années 1860 pour voir une innovation bouleverser le cours de l'histoire de l'automobile : le moteur à explosion.

LE MOTEUR THERMIQUE (COMBUSTION INTERNE) POUR LES NULS
- LES BASES -

PARTIE 2 : LE MOTEUR À EXPLOSION

En 1680, le physicien allemand Christian Huygens dessine sur papier, mais ne construit pas, ce qui semble être un moteur à combustion interne alimenté par de la poudre à canon, une sorte de poudre noire qu'on retrouve dans le TNT par exemple.

Selon le principe développé par l'Allemand Otto von Guericke, Christian Huygens utilise l'explosion produite par la poudre pour faire le vide partiel dans un cylindre équipé d'un piston. La pression atmosphérique engendre le retour du piston à sa position initiale, générant ainsi une force. Donc pour résumer : quand la poudre explose, l'explosion pousse alors le piston et quand l'explosion se termine, elle crée un vide qui fait remonter le piston, facile non ?

Le Suisse François Isaac de Rivaz, vers 1775, entrevoit le développement de l'automobile. Alors que ses multiples voitures à vapeur n'ont guère de succès du fait de leur manque de souplesse et de puissance, il s'inspire du fonctionnement d'une invention un peu particulière et n'ayant aucun rapport avec l'automobile, le « pistolet de Volta », pour construire ce qui ressemble à un moteur à explosion dont il obtient le brevet le 30 janvier 1807.

LE MOTEUR THERMIQUE (COMBUSTION INTERNE) POUR LES NULS
- LES BASES -

Image du pistolet de Volta

En 1856, les Italiens Eugenio Barsanti et Félice Matteucci présentent à Florence (petite ville d'Italie) leur moteur à explosion. Il est alimenté par un mélange d'air et de gaz. Soit le même principe pour les moteurs d'aujourd'hui fonctionnant au gaz.

LE MOTEUR THERMIQUE (COMBUSTION INTERNE) POUR LES NULS
- LES BASES -

En 1859, l'ingénieur belge Étienne Lenoir dépose son brevet d'un « moteur à gaz et à air dilaté », un moteur à combustion interne à deux temps, et c'est en 1860 qu'il met au point la première ébauche d'un moteur à explosion. Celui-ci, fonctionnant au gaz d'éclairage, comporte déjà un composant déterminant : une bougie électrique qui, chargée par un accumulateur, produit l'étincelle qui déclenche l'explosion du gaz.

Quelque temps plus tard, Lenoir invente un carburateur permettant de remplacer le gaz par du pétrole. Ce carburateur est alors 4 fois plus gros que celui des carburateurs classiques et n'est guère efficace. Souhaitant expérimenter au plus vite son moteur, il l'installe sur une voiture rudimentaire, et, partant de Paris, parvient à rejoindre Joinville-le-Pont. Donc pour résumer, Paris, ville où est née la première automobile, mais qui aujourd'hui la détruit, quelle ironie du sort…

Malheureusement, faute de moyens matériels et financiers, Lenoir se voit dans l'obligation d'abandonner ses précieuses recherches.

Il faut ainsi attendre l'Américain George Brayton pour imaginer un carburateur efficace utilisant le pétrole et une autre huile, donnant ainsi naissance à la première machine à combustion interne à huile. Petite chose à savoir, l'huile utilisée à l'époque ferait pâlir toute personne écolo, pourquoi ? Car l'huile utilisée à l'époque pour

LE MOTEUR THERMIQUE (COMBUSTION INTERNE) POUR LES NULS
- LES BASES -

remplacer le pétrole et l'éthanol, c'est l'huile de baleine et l'huile d'espèce animale, autant dire qu'aujourd'hui, on aurait des problèmes.

Par la suite, Beau de Rochas améliore l'invention de Lenoir, qui souffre cruellement d'un mauvais rendement en raison de l'absence de compression des gaz (ratio de 4/1, pas terrible comparé aux 10/1 minimum des moteurs actuels).

Beau de Rochas résout ce problème en mettant au point un cycle thermodynamique 4 temps (admission/échappement - compression - explosion – détente) soit le même cycle qu'utilisent actuellement les voitures et les motos. Étant davantage théoricien que praticien, Beau de Rochas ne sait pas mettre en application ses théories. Il dépose le brevet en 1862, mais en raison de difficultés financières, il ne peut payer les redevances de protection de son invention, si bien que c'est uniquement en 1876 que l'on voit apparaître les premiers moteurs quatre-temps. L'invention théorique du cycle à quatre-temps par beau de Rochas permet enfin d'exploiter véritablement le moteur à explosion.

Le Pyréolophore est un prototype de moteur, développé par les frères Niepce en 1807, dont l'amélioration progressive donnera lieu à certains des moteurs à combustion interne, dont celui mis au point par Rudolf Diesel, le fameux moteur Diesel. Mais qu'est-ce que Le Pyréolophore ?

Le Pyréolophore est un moteur à air dilaté par la chaleur et s'apparente encore aux machines à vapeur. Cependant, celui-ci n'utilise pas uniquement le charbon comme source de chaleur. Dans un premier temps, les frères Niepce optent pour une poudre constituée des spores d'une plante, le lycopode, puis dans un second temps, pour un mélange de charbon et de résine, additionné à du pétrole. Ce moteur ressemble beaucoup au fonctionnement du moteur Stirling.

LE MOTEUR THERMIQUE (COMBUSTION INTERNE) POUR LES NULS
- *LES BASES* -

Image du Pyréolophore

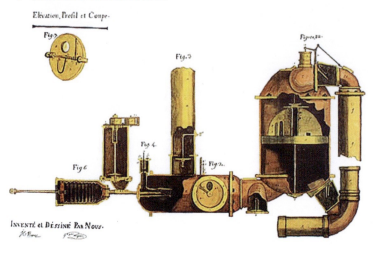

Ce sont toutefois les ingénieurs allemands, déjà très engagés dans la production de gros moteurs fixes, qui comprennent, les premiers les potentialités de développement des moteurs mobiles, légers et performants. Ingénieur chez Deutz A.G. (gros fabricant de moteurs fixes), Gottlieb Daimler étudie, avec Wilhelm Maybach, les possibilités d'allègement du moteur à explosion. Les travaux de l'Allemand Nikolaus August Otto aboutissent au premier moteur à quatre-temps tout à fait accompli (1867) qui sera encore amélioré, puis commercialisé en Europe à partir de 1876.

Après avoir quitté Deutz A.G., Daimler et Maybach fondent leur propre société et réussissent à développer, en 1883, un moteur rapide à quatre-temps ne pesant que 80 kilogrammes (comparé aux 300 kg du moteur Otto). Toutefois, sa faible puissance (0,5 chevaux ! On n'est pas arrivé 😅) n'autorise son application que sur des engins ultras légers, comme des bicyclettes (car manque de puissance et surtout de couple). Parallèlement, Carl Benz, qui a mis au point dès 1879 un moteur deux-temps à allumage électrique, réussit lui aussi à en diminuer le poids et à passer au quatre-temps. Il en équipe, en 1886, un tricycle qui est désormais présenté, dans la plupart des musées du monde, comme la première vraie automobile.

LE MOTEUR THERMIQUE (COMBUSTION INTERNE) POUR LES NULS
- LES BASES -

En 1876, l'ingénieur allemand Gottlieb Daimler développe, pour le compte de la firme Deutz, le premier moteur fixe à gaz fonctionnant sur le principe présenté par Beau de Rochas. Néanmoins, les moteurs Daimler ne sont pas encore installés sur des châssis qui en feront des automobiles à part entière. C'est en 1889 que René Panhard et Émile Levassor installent le premier moteur à quatre-temps - celui de Daimler - sur une voiture à quatre places.

En 1880, le Français Fernand Forest invente la première magnéto d'allumage basse tension et en 1885, on lui doit le carburateur à flotteur et à niveau constant, que l'on a connu jusque dans les années 80. C'est sur ce principe que seront fabriqués tous les carburateurs pendant plus de 100 ans. Mais l'empreinte majeure de Forest dans l'histoire de l'automobile demeure ses réalisations sur les moteurs à explosion. On lui doit ainsi l'invention du moteur 6 cylindres en ligne (1888), architecture mythique qui sera la marque de fabrication de BMW, et en 1891, celle du moteur à 4 cylindres verticaux et à soupapes commandées. Il ne s'agit là que de deux exemples parmi beaucoup d'autres.

C'est en 1883 qu'Édouard Delamare-Deboutteville fait circuler sa voiture dont le moteur est alimenté au gaz, mais la durite d'alimentation en gaz ayant éclaté au cours de ce premier essai, il remplace le gaz par du carbure de pétrole (ancêtre de nos carburants). Pour utiliser ce produit, il invente un carburateur à mèches. Ce véhicule circule pour la première fois dans les premiers jours de février 1884 et le brevet est déposé le 12 février 1884 sous le numéro 160267. L'antériorité d'Édouard Delamare-Deboutteville sur Karl Benz est donc, semble-t-il, incontestable. Cependant, cette paternité pour l'automobile est très contestée et il semble que les

LE MOTEUR THERMIQUE (COMBUSTION INTERNE) POUR LES NULS
- LES BASES -

véhicules développés par Delamare-Deboutteville soient loin de fonctionner correctement, explosant même pour certains, lors de leur brève utilisation.

En effet, bien qu'il soit difficile de définir la première voiture de l'histoire, il est généralement admis qu'il s'agit de la Benz Patent Motorwagen, produite par Karl Benz, même si le « British Royal Automobile Club » et l'Automobile Club de France s'accordent à dire qu'il s'agit du fardier de Cugnot.

En janvier 1891, Panhard et Levassor font déjà rouler dans les rues de Paris les premiers modèles français équipés du moteur Benz. Ce sont les premières voitures à moteur à explosion commercialisée. M. Vurpillod devient ainsi la même année, le premier acquéreur d'une automobile Peugeot sous licence Panhard &Levassor, la fameuse « sans chevaux », ce nom faisant référence au fait qu'il n'y avait aucun chevaux pour tracter le véhicule.

L'histoire semble néanmoins oublier l'inventeur allemand Siegfried Marcus qui dès 1877, met au point une automobile équipée du moteur 4 temps d'une puissance de 1 cheval, dénommée « machine à carboniser l'air atmosphérique », un sacré nom, on peut le dire.

En 1897, Rudolf Diesel, ingénieur, qui vous l'avez deviné par son nom de famille, n'est autre que le père des moteurs barbecue (en référence aux moteurs diesel reprogrammés qui crachent de gros nuages de fumée noire), coupleux et aux bonnes odeurs de mazout.

Il conçoit cette année-là un moteur enflammant le mélange air-diesel, non pas grâce à l'étincelle d'une bougie (qui d'ailleurs a du mal à s'enflammer, car le diesel est moins inflammable que l'essence), mais en générant une forte pression qui élève la température dans la chambre de combustion au-dessus des 600 degrés Celsius.

Au départ, Rudolf diesel destine le futur de ces moteurs aux machines et engins industriels ainsi qu'à la propulsion des navires et sous-marins. Offrant un excellent rendement, ce moteur se développe rapidement, intéressant notamment la marine et le gouvernement, à tel point qu'en 1900, Rudolf Diesel reçoit la médaille d'or de l'Exposition universelle de Paris.

Mais jamais Rudolf diesel n'aurait pensé que l'utilisation de son moteur soit détournée pour atterrir dans des voitures, car après la Première Guerre mondiale, Peugeot et Mercedes commencent à l'adapter pour l'automobile. Peugeot en 1921, grâce à l'ingénieur Tartrais, fabrique et teste sur Paris-Bordeaux un prototype qui roule à 48 km/h de moyenne.

LE MOTEUR THERMIQUE (COMBUSTION INTERNE) POUR LES NULS
- *LES BASES* -

Mais c'est Mercedes qui gagnera le duel en équipant d'un moteur Diesel des taxis allemands en 1935. Son quatre-cylindres de 2,6 litres ne consommait que 9,5 litres aux 100 kilomètres, alors qu'un moteur à essence équivalent avalait 13 litres au 100.

Les taxis sont alors très satisfaits et convaincus, Mercedes dégaine le premier en lançant en 1936 la 260 D, avec une carrosserie de Mercedes 230. Cette voiture était équipée d'un gros 2.5 L de cylindrée de 45 ch, pouvait aller à une vitesse maxi de 97 km/h et a été produite en seulement 2 000 exemplaires, la production ayant dû s'interrompre avec l'arrivée de la Seconde Guerre mondiale.

Après la guerre, Peugeot met sur le marché les 403 diesel en 1959. Pourtant, les autres constructeurs ainsi que les différents gouvernements délaissent cette motorisation, jusqu'à ce qu'une fiscalité la favorisant, ainsi que les deux chocs pétroliers successifs, permettent par la suite au moteur diesel de se généraliser. En 1996, en raison du prix avantageux du gazole, les moteurs Diesel équipent en France près de 50 % des voitures neuves.

LE MOTEUR THERMIQUE (COMBUSTION INTERNE) POUR LES NULS
- LES BASES -

PEUGEOT 403 D

Mais aujourd'hui les choses ont changé, suite notamment à l'arrivée du scandale « Dieselgate » de Volkswagen. Le moteur essence explose en matière de rendement et d'efficacité énergétique, au point qu'il dépasse les moteurs diesel grâce au moteur SKYACTIV-X de Mazda et ses 45 % de rendement (contre 41 pour le diesel), donc qui consomme pareil qu'un diesel mais qui produit plus de chevaux et tout autant de couple que celui-ci, tout en montant à 7 000, 8 000 tours /minute.

Les deux seuls avantages qui restent au diesel, hormis le prix dans certains pays, sont son couple, qui est bien plus présent à bas régime qu'un moteur essence, ce qui est alors avantageux pour les pick-up, les camions, engins de construction et les gros 4x4 ; et pour sa pollution en CO^2 inférieur par rapport au moteur essence, malgré un taux de particules fines plus élevé.

En bonus, voici l'histoire de la première pompe à essence.

Le brevet de la première pompe à essence des stations-service est déposé en 1901. Avant cela, le combustible était très mal conservé et les risques d'explosion étaient très nombreux (à l'époque, 50 % des incendies étaient provoqués par ce mauvais stockage de carburant). Le créateur qui déposa le brevet de la première pompe à carburant s'appelle John Tokheim.

En prime, sa pompe à carburant permet même de connaître avec précision la quantité d'essence prise par les automobilistes, une révolution à l'époque !

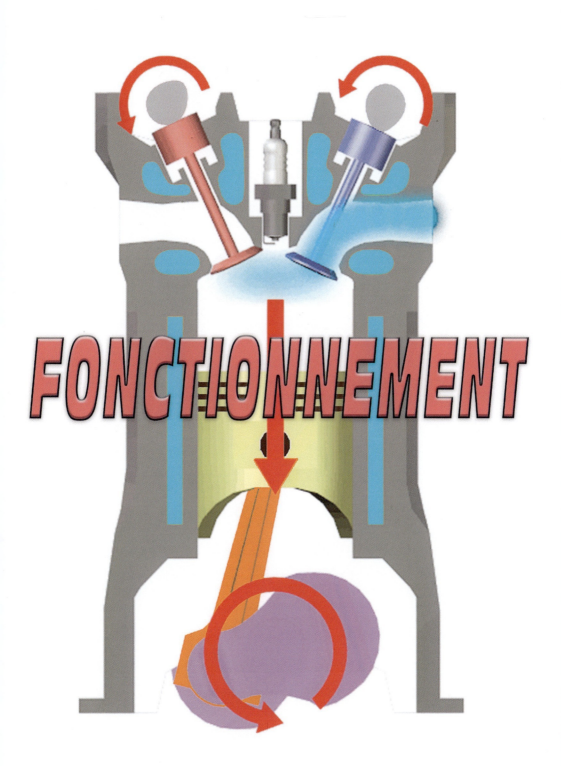

LE MOTEUR THERMIQUE (COMBUSTION INTERNE) POUR LES NULS
- LES BASES -

FONCTIONNEMENT

Avant de rentrer dans le fonctionnement d'un moteur, il faut d'abord définir certains termes que vous avez forcément entendus au cours de votre vie, mais dont vous ne connaissez probablement pas la fonction, le rôle ni le sens.

Définition

Déjà, **la chambre de combustion** : la chambre de combustion, ce n'est pas une chambre à coucher, bien évidemment.

Dans le cas d'un moteur à essence, c'est tout simplement la zone où l'air et l'essence sont mélangés avant d'être comprimés fortement par le piston (appelé ratio de compression) avant que la bougie allume le mélange. Voici une illustration ;

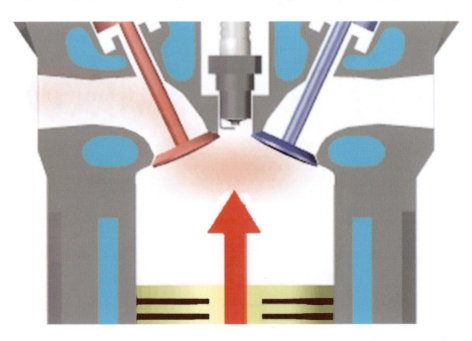

LE MOTEUR THERMIQUE (COMBUSTION INTERNE) POUR LES NULS
- *LES BASES* -

Les bougies (et je ne parle pas des bougies d'anniversaire, bien évidemment) :

Bon, là, on s'accroche un petit peu, c'est un peu technique. Déjà, il faut distinguer 2 types de bougies :

- **Les bougies d'allumage** des moteurs à essence, GPL, GNV et autres combustibles gazeux ;

- **Les bougies de préchauffage** qui sont spécifiques aux moteurs diesel.

1. **Le moteur à essence**, dit aussi un moteur « à explosion » ou à « détonation », a besoin d'une belle étincelle qui allume et aide à la combustion du mélange air/essence (ou GPL, GNV, Bioéthanol, etc.), pour faire simple, à brûler l'essence. La bougie est constituée d'un corps en céramique et d'une âme ou

LE MOTEUR THERMIQUE (COMBUSTION INTERNE) POUR LES NULS
- LES BASES -

« noyau » par laquelle l'étincelle, grâce à l'électricité, pourra se produire, et faire une belle détonation au mélange.

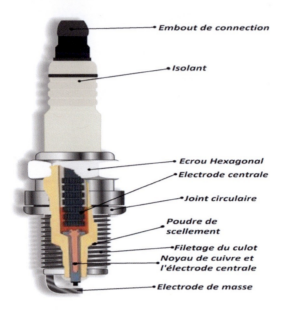

2. **Le moteur diesel**, par rapport au moteur à essence, se traduit par l'absence de bougies d'allumage. Dans un moteur diesel, l'explosion est due au taux de compression beaucoup plus élevé que sur un moteur à essence. Par contre, pour exploser, le gazole a besoin d'atteindre une certaine température (environ 850 °C), principalement lors du démarrage. Un préchauffage du moteur, donc du mélange carburant/air est nécessaire, ce qui est le rôle des bougies de préchauffage. En fait, ce sont des aides du démarrage. L'élément de préchauffage est souvent constitué d'un corps blindé, d'une résistance et d'un filament. La résistance devient incandescente quand on met le contact et assure une température assez élevée dans la chambre de combustion pour assurer le démarrage. En fait, ce sont juste des grosses résistances, comme celles des chauffe-eaux.

LE MOTEUR THERMIQUE (COMBUSTION INTERNE) POUR LES NULS
- LES BASES -

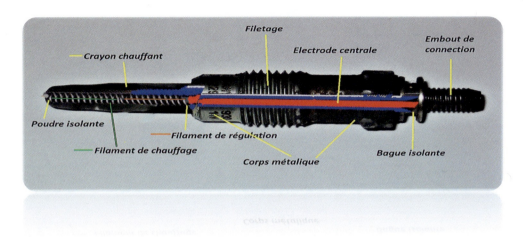

Couple moteur : le couple moteur (eh non, ce n'est pas un couple de moteurs, mais le nom d'une force créée par le moteur) appelé « Torque » en anglais (exprimé en Newton-mètre(nm)), est sa capacité à accélérer. C'est tout simplement la force qu'exerce le moteur sur la route pour faire avancer la voiture. Pour exemple, un moteur qui possède peu de couple est un moteur qui cale facilement si on ne maîtrise pas la pédale d'embrayage ; alors qu'un moteur coupleux (avec beaucoup de couple), c'est comme un taureau enragé, difficile de l'arrêter, c'est-à-dire qu'on aura beau essayer de l'arrêter de toutes ses forces, en calant au démarrage par exemple. En faisant ça, soit le moteur coupleux casse l'embrayage, soit le moteur ainsi que la voiture démarre, comme si rien ne s'était passé.

C'est pour cette raison, qu'un moteur diesel (qui a plus de couple à bas régime), démarre plus facilement qu'un moteur essence équivalent.

Chaque moteur dispose d'un couple maximum obtenu à un régime précis. Il s'agit en fait du moment où la voiture accélère le plus lorsque l'on est à l'arrêt (délivre le plus de force sur la route) à un régime précis (nombre de tours par minute du moteur). C'est d'ailleurs pour cela que lors d'un départ-arrêté (ou appelé également drag race), on ne fait jamais monter le moteur dans la zone rouge pour démarrer, mais là où il y a le plus de couple, et ainsi permettre à la voiture de démarrer plus vite.

Voici un exemple de courbe de puissance :

LE MOTEUR THERMIQUE (COMBUSTION INTERNE) POUR LES NULS
- LES BASES -

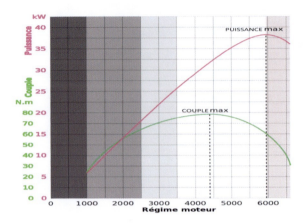

Dans cet exemple, le couple maxi se situe à 4400 T/minutes, donc pour faire un bon départ-arrêté, il faut que le conducteur positionne l'aiguille du compte-tours à 4400 T/min pour faire un bon démarrage.

CH : signifie CHEVAUX (cheval-vapeur). Là encore, une petite explication est nécessaire. Vous vous dites peut-être qu'il y a un lien avec la calèche, les chevaux, l'ancêtre de la voiture ? Vous vous trompez COMPLÈTEMENT !

Voici l'explication : c'est une unité qui mesure la puissance de nos moteurs, de nos belles machines ! Comme pour une calèche, on peut se dire que plus il y a de chevaux, plus c'est puissant ! 1 cheval (abrégé en « ch ») correspond à la puissance d'un cheval qui tire 75 kg en marchant au pas (1 mètre par seconde). Les chevaux sont souvent convertis en Watt (W) qui est une unité reconnue dans le système international, même si dans le langage automobile, mécanique et moto, on aura toujours tendance à dire chevaux ou HP (unité de mesure américaine). La puissance est tout simplement la force du moteur à pleine capacité/charge. Celui-ci dépend du couple et de la vitesse de rotation, puisque pour calculer la puissance en chevaux, il faut multiplier le couple par la vitesse de rotation du moteur, puis le diviser par 7 000.

Voici la formule :

Puissance (en ch) = Couple (en Nm) x Régime (en tr/min) / 7 000

C'est pour cela que certains moteurs possèdent peu de couple, mais beaucoup de chevaux, car la force exercée par le moteur est faible, mais celui-ci tourne tellement vite qu'il génère beaucoup de puissance et de force à haut régime. C'est pour cela que, les deux combinés (couple + vitesse de rotation du moteur), font en sorte que la voiture accélère de plus en plus vite lorsque l'on monte de plus en plus haut dans les tours. J'espère avoir gardé votre attention ? Que je vous rassure, j'ai eu également un peu de mal à comprendre lorsque l'on m'a expliqué cela la première fois.

LE MOTEUR THERMIQUE (COMBUSTION INTERNE) POUR LES NULS
- LES BASES -

CV : (eh non, c'est autre chose que les CV que vous envoyez pour vous faire embaucher, bien évidemment.). Ce sont les chevaux fiscaux. Il s'agit d'une unité de mesure du droit fiscal (les impôts) qui permet d'évaluer la puissance théorique d'un moteur pour que l'on vous taxe « à mort » pour l'assurance.

Cela permet de calculer la taxe fiscale à payer pour l'obtention de la carte grise de votre nouvelle voiture. En clair, le genre de chose dont vous êtes bien content quand le nombre de CV de votre voiture est petit, sinon, bonjour le prix de la carte grise et de l'assurance.

Liquide de refroidissement : comme son nom l'indique, il sert à refroidir votre moteur.

Le moteur de votre véhicule, quand il tourne, est exposé à des températures très élevées qui nécessitent le maintien d'un refroidissement continu pour éviter des dommages importants dans la belle machine qui sert à faire avancer votre voiture. C'est pourquoi il est impératif d'avoir un circuit de refroidissement en parfait état, même amélioré pour certaines voitures. Pensez donc à remplacer le liquide de refroidissement qui, au-delà de trois ans, perd sa résistance au gel et refroidit également beaucoup moins bien !

Les fameux chiffres accompagnés du mot litre :

« 1.5, 1.6, 2.0, 6.3, etc. Litres » ne sont pas une quantité de carburant ; c'est le volume balayé par les pistons. En fait, c'est l'addition du volume des cylindres lorsque le piston est tout en bas de celui-ci (appelé point-mort bas), c'est tout simplement la quantité d'air qui peut rentrer dans tous les cylindres du moteur. Par exemple, on a 4 cylindres, et dans un cylindre, on a un volume de 500 cm³ entre le piston qui est en bas et le haut du moteur, là où il y a la bougie ; on multiplie son volume par le nombre de cylindres donc 4, et on obtient un moteur de 2,0 litres de cylindrée, en gros, c'est ça :

La cylindrée se calcule tout simplement comme ceci : surface du piston multiplié par son déplacement multiplié par le nombre de cylindres.

Soit : r²(alésage / 2 = rayon(r)) x π(PI) x course du piston (en cm) X nombre de cylindres = cylindrée en cm³. 1000 cm³ = 1 litre et voilà. Oui, je suis désolé, c'est tout sauf simple…

Mais la bonne nouvelle, c'est que personne ne vous demandera de calculer quoique ce soit ! La raison ? Ce sont les constructeurs et, pour le cas des voitures préparées, les préparateurs qui les calculeront pour vous.

LE MOTEUR THERMIQUE (COMBUSTION INTERNE) POUR LES NULS
- *LES BASES* -

Petit conseil 😉 : avant, lorsque l'on achetait une voiture ou un moteur, plus celui-ci avait une grosse cylindrée, plus il était puissant, mais consommait également davantage.

Aujourd'hui, c'est différent. Par ce que même si la cylindrée joue son rôle dans la puissance, de nos jours, et ce, depuis les moteurs de Ford Ecoboost en 2011, un petit moteur de 1 litre de cylindrée peut atteindre les 150 chevaux et consommer très peu de carburant. Donc, ne vous fiez plus à la cylindrée mais à la puissance directement, même si un moteur de grosse cylindrée aura plus de charme qu'un petit moteur, notamment grâce à son comportement, à sa souplesse, au son que produit celui-ci et au moteur de façon générale (seuls ceux qui sont montés dans des grosses cylindrées pourront comprendre de quoi je parle quand je dis « moteur de façon générale »)

Les mots DCI, HDI, TDI, TCE, ECOBOOST, D-4S,4A-GE, Skyactiv-X situés sur la voiture et notamment sur le coffre :

Ces fameux mots que seuls les connaisseurs savent à quoi ils correspondent, et pourtant, ils sont assez simples à comprendre, contrairement à ce que l'on pense, c'est tout simplement la technologie utilisée sur le moteur de la voiture dont les noms sont tout simplement abrégés.

Exemple :

DCI : « Direction Common rail Injection », en clair une technologie diesel qui utilise un gros rail pour alimenter sous pression les injecteurs diesel de la voiture.

ECOBOOST: technologie de moteur essence brevetée par Ford qui est à l'origine des moteurs 3 cylindres turbo surpuissants, qui seront ensuite copiés par les autres constructeurs, sans succès (pas aussi puissant en tout cas), technologie qui servira

LE MOTEUR THERMIQUE (COMBUSTION INTERNE) POUR LES NULS
- *LES BASES* -

pour le mythique FORD GT et son V6 ecoboost, la voiture avec le démarrage le plus rapide (égalise un tesla Model S de même puissance.) Grâce à son couple MORTEL à bas régime, digne des gros V8 américains.

HDI : « High pressure Direct Injection », pareil que pour le DCI, c'est une technologie de moteur diesel qui utilise des injecteurs très puissants, mais qui a été conçue non pas par Renault-Nissan, mais par Peugeot-Citroën, alias PSA, pour les plus intimes.

TDI : « Turbocharged Direct (ou Diesel) Injection », qui est la technologie de moteur diesel du groupe Volkswagen (VW, Seat, Audi, etc.).

Ou pour finir :

D-4S : qui signifie la double injection (multipoint + direct) par cylindre du moteur, technologie de la marque Toyota, qui permet de refroidir brusquement l'air grâce au carburant et faire un vide partiel pour que davantage d'air rentre dans la chambre de combustion. Pour faire simple, une technique qui permet à un petit moteur atmosphérique d'avoir des performances supérieures à la normale.

Skyactiv-X : technologie de moteur essence commercialisée par Mazda en 2019. Il s'agit de moteur 4 cylindres « semi-atmosphérique » à fort taux de compression et qui fonctionnent comme un moteur diesel à bas régime (par auto-allumage, mais, dans ce cas précis, contrôlé) puis par allumage classique à haut régime. Il s'agit, à l'heure actuelle, du moteur thermique automobile avec le meilleur de rendement au monde (45 % selon Mazda, 42 % en condition réelle, contre 35 % pour la concurrence).

SP95, SP98, SP95 E10 ETC… Qu'est-ce que ça signifie ? :

LE MOTEUR THERMIQUE (COMBUSTION INTERNE) POUR LES NULS
- *LES BASES* -

Ceci n'est pas une définition en rapport avec les moteurs à proprement parler, mais en rapport avec ce qui les anime, c'est-à-dire le carburant, et dans ce cas précis, l'essence.

L'abréviation « SP » désigne le mot « Sans-Plomb ». En effet, jusqu'en 1999, l'essence était composée de plomb liquide qui avait pour but de lubrifier et protéger les soupapes, mais également de servir d'agent anti détonant. Le plomb présent dans l'essence était considéré comme dangereux pour la santé, car le plomb est un métal lourd, donc toxique sous forme de vapeur. Celui-ci fut interdit chez nous à partir du 2 janvier 2000. C'est en 1990 que les premiers litres d'essence sans plomb furent commercialisés en France, mais il faudra attendre 9 ans plus tard pour voir disparaître à jamais l'essence au plomb. Le mot « Sans Plomb » a été abrégé par la suite en « SP ». Malheureusement, suite à l'absence de plomb, beaucoup de moteurs dans les voitures anciennes se sont retrouvés dans de beaux draps car celui-ci, de par la conception des soupapes, ne peut rouler sans additif de plomb dans l'essence. Il a donc fallu par la suite créer un additif en remplacement du plomb ; ou bien de modifier la culasse, et notamment les soupapes (vous aurez plus de détails les concernant dans la suite du livre et le tome 2) afin que le véhicule puisse fonctionner avec de l'essence sans plomb.

Le nombre 95 ou 98 (et potentiellement 101, 104, etc. dans les autres pays) représente, quant à eux, l'indice d'octane des essences sans plomb. Mais qu'est-ce que l'indice d'octane, me direz-vous ?

L'indice d'octane mesure la résistance à l'auto-allumage (c'est-à-dire un allumage sans intervention de la bougie, - comme le diesel par exemple - responsable des cliquetis) dans un moteur à allumage commandé. Ce carburant est principalement de l'essence ou de l'éthanol. On associe souvent l'indice d'octane à sa capacité antidétonante. En effet, un carburant sensible à l'auto-allumage peut s'enflammer à n'importe quel moment et créer une détonation non maîtrisée et associée au phénomène de cliquetis moteur (auto-allumage qui se produit pendant la remontée du piston dû à l'augmentation de la température de l'air due à sa compression par le cylindre).

Par exemple, un carburant qui possède un indice d'octane de 95 comporte 95 % d'iso-octane, qui est résistant à l'auto-inflammation et de 5 % de n-heptane, qui lui, s'auto-enflamme facilement.

L'utilisation du SP 98 et dans les autres pays du SP 100/101/103/104, permet en général d'offrir une meilleure combustion (notamment une combustion plus complète) du carburant, ce qui rime avec légère hausse de performance, moins polluant, fait

LE MOTEUR THERMIQUE (COMBUSTION INTERNE) POUR LES NULS
- LES BASES -

durer davantage le moteur, consomme moins et donne un meilleur agrément de conduite dans certaines situations.

Maintenant, une chose que beaucoup de personnes ne savent pas, c'est comment mesure-t-on l'indice d'octane d'un carburant ?

On se sert d'un moteur monocylindre (un seul cylindre) spécialement conçu pour mesurer l'indice d'octane. On mesure l'indice d'octane d'un carburant en le comparant avec des produits de référence.

Celui-ci est alimenté, tour à tour, avec le carburant à étudier et des carburants de référence dont les pourcentages respectifs d'iso-octane et d'heptane sont connus.

Concernant l'E10, E5, etc, celui-ci désigne le pourcentage d'éthanol dans l'essence. En effet, depuis quelques années, les carburants pétroliers sont mélangés à de l'éthanol afin de réduire leur impact environnemental, notamment pour, d'ici quelques années, le remplacer totalement par de l'éthanol, puis par du carburant de synthèse fait à partir de CO^2.

LES PISTONS :

Le piston est une pièce cylindrique.

LE MOTEUR THERMIQUE (COMBUSTION INTERNE) POUR LES NULS
- *LES BASES* -

Il est la pièce principale d'un moteur, situé dans la chambre de combustion et première chose que l'on aperçoit après avoir enlevé la partie supérieure du moteur, appelée « culasse ». Celui-ci est logé dans un cylindre. C'est la pièce qui permet de transformer l'explosion de l'essence en énergie mécanique (le piston descend sous la force de l'explosion avant de remonter), ce qui sert à faire avancer la voiture. Il existe plusieurs types, formes, conceptions et surtout tailles de piston afin de créer le meilleur piston selon le type de voiture ; selon les performances souhaitées et le type de carburant (un moteur diesel possède des pistons différents des moteurs à essence).

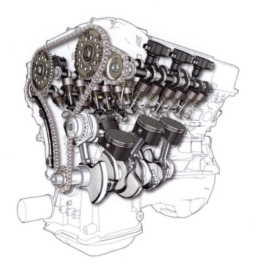

Le fonctionnement des moteurs

Le principe du moteur à explosion 4 temps est relativement simple : le mélange air/essence est fortement comprimé par le piston. Dans une voiture normale le taux de compression se situe aux alentours de 11 voire 12/1, c'est-à-dire que le volume d'air est comprimé (donc position "haut") dans un espace 11 à 12 fois plus petit que lorsque le piston était en bas. Une étincelle fournie par une bougie permet de faire exploser le gaz compressé qui repousse violemment le piston. Ce déplacement permet de faire tourner le vilebrequin par un ensemble bielle-manivelle qui, par un système mécanique compliqué (boîte de vitesse), permettra de faire tourner les roues et donc d'avancer. Dans ce moteur à 4 temps, pour que la bielle tourne d'un tour complet (et non un tour physique), il faut deux montées et deux descentes du piston.

LE MOTEUR THERMIQUE (COMBUSTION INTERNE) POUR LES NULS
- LES BASES -

Moteur 4 temps

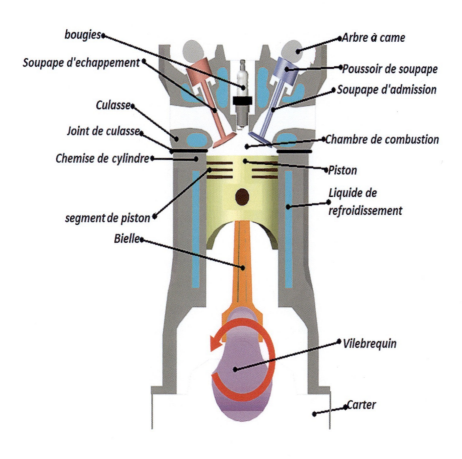

Coupe et légendes d'un cylindre de moteur à explosion 4 temps

LE MOTEUR THERMIQUE (COMBUSTION INTERNE) POUR LES NULS
- LES BASES -

Mais voyons le principe des 4 temps du moteur à explosion par un schéma :

TEMPS 1	TEMPS 2	TEMPS 3	TEMPS 4
L'admission	*La compression*	*L'explosion (ou détente)*	*L'échappement*
		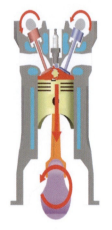	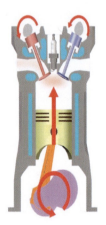
Les soupapes d'admission s'ouvrent et le piston descend, aspirant l'air (injection directe) ou le mélange air/essence.	Les soupapes d'admission et d'échappement se ferment. Le piston remonte, comprimant fortement le mélange air/essence.	Les deux soupapes fermées, la bougie émet une étincelle provoquant l'explosion du mélange air/essence. La pression fournie permet de faire redescendre le piston (appelé aussi temps moteur).	Les soupapes d'échappement s'ouvrent et le piston remonte, permettant l'évacuation des gaz consumés que l'on retrouvera à la sortie du pot d'échappement.

Moteur 2 temps

Le moteur 2 temps est resté pendant très longtemps avantagé par son absence de soupape, mais également, car il existait en diesel et en essence. Le principe du moteur à explosion 2 temps est relativement simple : le mélange air/essence est comprimé par le piston comme pour les 4 temps, mais le taux de compression est BEAUCOUP plus faible, elle se situe aux alentours de 7, voire 8/1 (donc pour les

LE MOTEUR THERMIQUE (COMBUSTION INTERNE) POUR LES NULS
- LES BASES -

connaisseurs, il s'agit bien d'un taux de compression encore plus faible que le moteur rotatif de Mazda le fameux moteur Wankel).

Puis, exactement comme pour le moteur 4 temps, une étincelle fournie par une bougie permet de faire exploser le mélange air/essence compressé qui repousse violemment le piston. Ce déplacement reste identique aux 4 temps, par un système bielle-manivelle, puis elle est reliée par un système mécanique compliqué (boîte de vitesse), qui permettra de faire tourner les roues et donc d'avancer. Dans le moteur à 2 temps, la phase d'échappement et d'admission se fait en même temps ; donc le cycle de fonctionnement se fait sur un tour, c'est-à-dire une montée et une descente, soit la moitié d'un moteur 4 temps.

Coupe et légendes d'un cylindre de moteur à explosion 2 temps

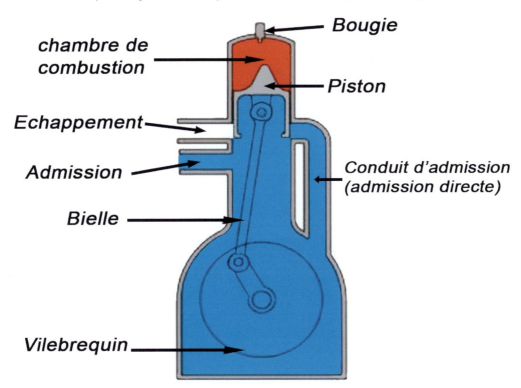

LE MOTEUR THERMIQUE (COMBUSTION INTERNE) POUR LES NULS
- LES BASES -

Maintenant, voyons le principe des 2 temps du moteur à explosion par un schéma :

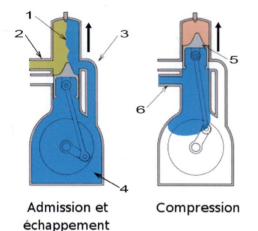

Admission et échappement   Compression   Détente

1 : air
2 : carburant brûlé
3 : tuyau qui relie la chambre de combustion à l'air frais qui rentre par la gauche
4 : air frais
5 : piston qui comprime
6 : admission

LE MOTEUR THERMIQUE (COMBUSTION INTERNE) POUR LES NULS
- LES BASES -

Le moteur rotary Wankel

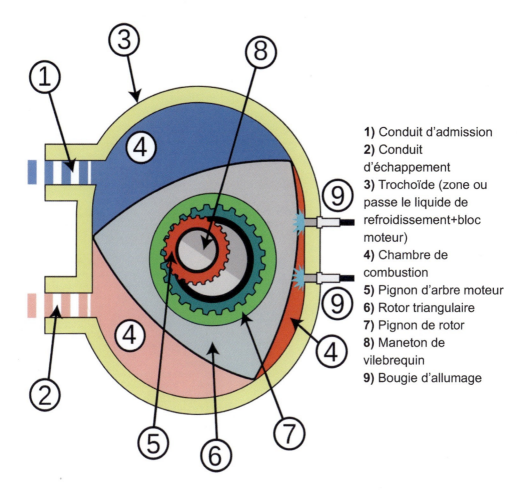

1) Conduit d'admission
2) Conduit d'échappement
3) Trochoïde (zone ou passe le liquide de refroidissement+bloc moteur)
4) Chambre de combustion
5) Pignon d'arbre moteur
6) Rotor triangulaire
7) Pignon de rotor
8) Maneton de vilebrequin
9) Bougie d'allumage

LE MOTEUR THERMIQUE (COMBUSTION INTERNE) POUR LES NULS
- LES BASES -

Maintenant, voyons le principe du moteur Wankel par un schéma :

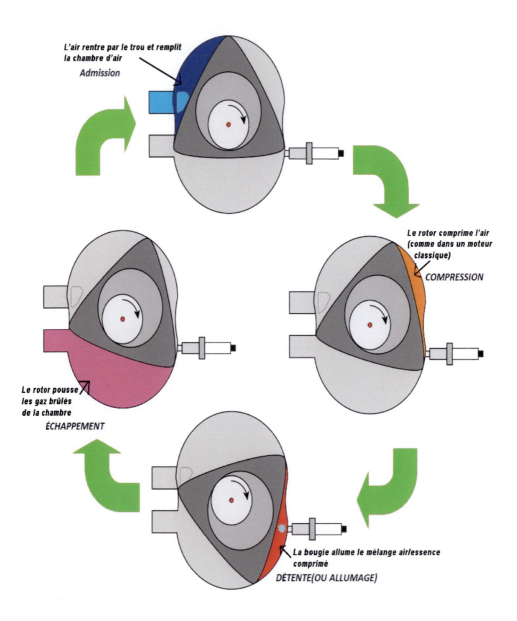

LE MOTEUR THERMIQUE (COMBUSTION INTERNE) POUR LES NULS
- LES BASES -

Différences entre les moteurs à 4 temps, moteurs à 2 temps et moteurs Wankel :

4 TEMPS
- L'huile et l'essence ne se mélangent jamais. Le mélange air essence est confiné à la partie haute du moteur tandis que l'huile reste dans la partie basse, car l'injection d'huile se fait par des gicleurs qui visent l'intérieur du piston.
- Le piston doit faire deux tours au vilebrequin (720°) pour effectuer un cycle complet.

2 TEMPS
- L'huile et l'essence se mélangent.
- Le piston fait faire un seul tour au vilebrequin (360°) pour effectuer un cycle complet. Il s'use beaucoup plus vite que le moteur à 4 temps, car sa lubrification est moins bonne. De plus, il a tendance à polluer beaucoup plus, d'où sa disparition aujourd'hui sur les gros engins.

WANKEL
- Le rotor fait faire un seul tour au vilebrequin (360°) pour effectuer un cycle complet de 4 temps.
- Il s'use beaucoup plus vite que les moteurs alternatifs (moteur à pistons), car sa lubrification est encore moins bonne que sur les 2 temps. De plus, il a tendance à polluer beaucoup plus, d'où sa disparition totale aujourd'hui et surtout dans le monde des voitures. (RIP Mazda RX).
- Le moteur Wankel est si peu efficace qu'il possède peu de couple au démarrage, soit malheureusement l'inverse d'un moteur électrique.
- Le moteur Wankel est un moteur qui est très petit et qui n'émet aucune vibration ; de plus, comme il a moins de pièces et possède un rotor à trois côtés à la place des pistons, il est plus léger, monte plus vite dans les tours et est très souple, comparativement au moteur alternatif (moteur à piston).

Le moteur 2 temps est beaucoup utilisé dans l'agriculture (tondeuse, élagueuse, souffleur, etc.) et le matériel de travaux publics.

Il a été très utilisé jusque dans les années 2000 pour les motos, mobylettes et motocross, mais a été supprimé de ce monde dans la fin des années 2000, car il

LE MOTEUR THERMIQUE (COMBUSTION INTERNE) POUR LES NULS
- LES BASES -

était estimé trop polluant et nocif pour l'environnement, et remplacé par des moteurs 4 temps.

Quant au moteur Wankel, celui-ci est très apprécié par les fans de la série RX de Mazda et par les préparateurs pour son côté léger, petit, peu vibrant et très souple, malheureusement abandonné également à cause de sa pollution, principalement due à un manque de compression, mais également par l'huile qui était brûlée, car elle était injectée par l'admission en même temps que le mélange air/essence.

Par chance, un nouveau type de moteur Rotatif, qui pourrait bien remplacer le Wankel, commence à pointer le bout de son nez. Il s'agit du moteur « X-Engine » de la société « LiquidPiston ». Il s'agit d'un moteur inversé au Wankel, c'est-à-dire que le stator forme un triangle dans lequel sont logées 3 chambres de combustion et le rotor à la forme ovale du stator. Celui-ci fonctionne comme un moteur à piston classique, mais est bien rotatif.

LE MOTEUR THERMIQUE (COMBUSTION INTERNE) POUR LES NULS
- LES BASES -

LES DIFFÉRENTS MOTEURS À COMBUSTION INTERNE ET LEURS DIFFÉRENCES

Il existe principalement 3 types de moteurs à combustion à l'heure actuelle :

1. Le moteur à essence
2. Le moteur diesel
3. Le moteur à gaz (GPL, GNV, etc.)

LE MOTEUR THERMIQUE (COMBUSTION INTERNE) POUR LES NULS
- LES BASES -

Le moteur à essence

Un moteur essence a besoin d'une bougie pour allumer le mélange air/essence, et cela, pour deux raisons :

- Déjà, celui-ci doit respecter un paramètre appelé le « ratio air/essence » appelé aussi « ratio stœchiométrique », qui est de 14,7, c'est-à-dire que pour 1 gramme d'essence, il faut 14,7 g d'air.

- Et le deuxième paramètre, c'est le taux de compression qui doit être spécifique à chaque moteur, car l'essence est un carburant très inflammable (beaucoup plus que le diesel par exemple). Si le taux de compression est trop haut, et donc que la compression est trop forte, alors le mélange s'autoallume avant l'allumage de la bougie, et s'allume donc trop tôt, car le piston n'a pas fini de remonter.

Ce phénomène est dû à la compression de l'air. Lors de sa compression, celui-ci se réchauffe jusqu'à atteindre la température d'inflammation du carburant, ce qui provoque son auto-allumage. Et qui a pour conséquence d'abîmer davantage le moteur. (petite précision, l'auto-allumage, qui est anormal pour un moteur à essence de base/classique, est tout à fait normal pour Mazda et son moteur Skyactiv-X, qui fonctionne en partie par auto-allumage, comme un diesel) ; c'est comme si vous laissiez tomber un objet par

LE MOTEUR THERMIQUE (COMBUSTION INTERNE) POUR LES NULS
- LES BASES -

terre et que vous lui donniez un coup de pied juste avant qu'il n'atteigne le sol, on sait tous qu'il se cassera encore davantage que s'il était tout simplement tombé par terre. Ce phénomène d'auto-allumage s'appelle les cliquetis. Donc, pour éviter les cliquetis, on diminue le taux de compression, ce qui abaisse la température de l'air dans la chambre de combustion et ainsi de suite, mais réduit également la puissance et le rendement moteur.

On va alors se baser sur ce type de moteur pour le comparer au reste.

LE MOTEUR THERMIQUE (COMBUSTION INTERNE) POUR LES NULS
- LES BASES -

Moteur diesel

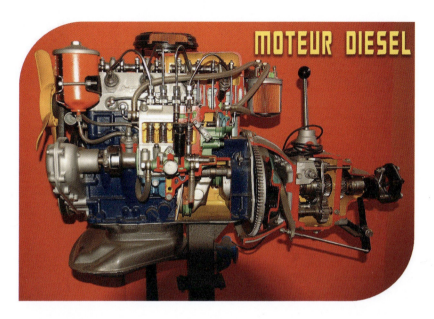

Le moteur diesel, à l'instar du moteur à essence n'a pas besoin de bougie d'allumage, car c'est un allumage par compression, donc qui ne nécessite pas d'étincelles. Je m'explique ;

Le diesel, comparé à l'essence, est beaucoup moins inflammable (il s'allume moins facilement si vous préférez). Du coup, pour optimiser le carburant, la meilleure façon, c'est de gaver le moteur d'air (c'est pour cela que 98 % des moteurs diesel, appelés « mazouts » n'ont pas de papillons des gaz et possèdent un turbocompresseur plus connu sous l'abréviation « turbo »), afin d'envoyer la bonne dose de diesel selon l'accélération. Grâce à la forte compression des motorisations diesel (jusqu'à 2 fois plus élevées que sur un moteur essence), le mélange s'autoallume en se dilatant (là où le mélange air/carburant des moteurs essence explose et pousse le piston violemment).

C'est pour cette raison qu'un moteur diesel ne peut guère dépasser les 6 000 t/min, alors qu'un moteur essence peut aller loin, très loin dans les tours, comme 9 000 t/min pour certaines voitures à essence et 14 000 t/min pour les voitures préparées et les voitures de course.

La raison est que la combustion des moteurs diesel (par dilatation) est plus lente que celle de l'essence (par explosion violente).

LE MOTEUR THERMIQUE (COMBUSTION INTERNE) POUR LES NULS
- LES BASES -

Les principales différences entre un moteur diesel et un moteur essence sont les suivantes :

- Pour résister à ces conditions extrêmes, on doit utiliser des pistons à fortes compressions, très épais et lourds ;

- La segmentation des pistons est plus épaisse et rigide ;

- Le moteur en lui-même est beaucoup plus résistant, les parois sont plus épaisses, donc son poids est bien plus important (de l'ordre de 30 à 60 % par rapport à un moteur essence équivalent) ;

- La bougie d'allumage est remplacée par la bougie de préchauffage, que voici :

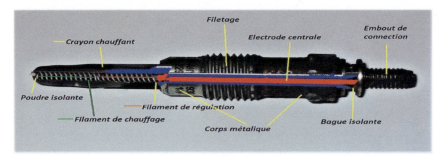

- Pour l'injection du carburant, l'injecteur est toujours un injecteur direct (c'est-à-dire, placé à l'intérieur du moteur) placé juste à côté de la bougie, comparativement à une essence dont la position et le nombre d'injecteurs varient celons les moteurs (bi injection, injection directe, injection multipoint, etc.).

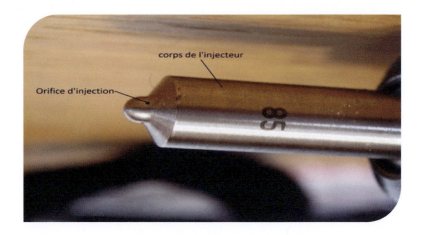

LE MOTEUR THERMIQUE (COMBUSTION INTERNE) POUR LES NULS
- *LES BASES* -

Moteur GPL, GNV, hydrogène, tout simplement à gaz (et je ne parle pas de la musique d'Initial D du même nom « MANUEL / GAS GASGAS »)

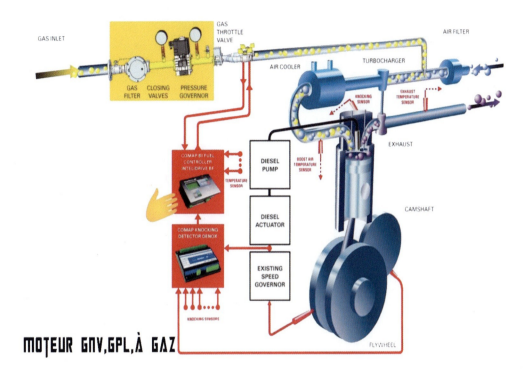

Presque tous les moteurs fonctionnant au gaz possèdent un fonctionnement similaire. Son fonctionnement est le même que celui d'un moteur essence, et d'ailleurs énormément de modèles fonctionnent à la fois avec de l'essence et du gaz, car la conversion est plus simple et moins chère pour les particuliers et moins chère pour les marques automobiles.

Le moteur est donc le même que celui du moteur à essence pour son fonctionnement, mais il y a pas mal de différences par rapport au circuit d'un moteur essence :

- Le réservoir est remplacé par une bouteille sous pression avec soupape de sécurité qui contient le gaz qui sert de carburant ;

- Tout le système de distribution de carburant et de la canalisation est alors spécifique au moteur fonctionnant au gaz (dans le cas d'un moteur essence/gaz, il y a donc deux circuits) ;

LE MOTEUR THERMIQUE (COMBUSTION INTERNE) POUR LES NULS
- LES BASES -

- Dans certains cas, le véhicule nécessite l'installation d'un système de vaporisateur détendeur qui transforme le gaz liquide à l'état gazeux ;

- Un orifice de remplissage spécifique avec clapet ;

- Des injecteurs ou un rail d'injecteurs spécifiques pour les moteurs fonctionnant au gaz (dans le cas d'un moteur essence/gaz, il y a donc deux injecteurs, car à l'heure actuelle, il n'existe aucun injecteur capable de fonctionner avec ces deux carburants) ;

- Un nouveau calculateur moteur.

Il existe beaucoup d'autres types de moteurs, mais très peu répandus à ce jour, ou qui ont été carrément et complètement abandonnés. (Pour les curieux : moteur quasiturbine, moteur rotatif russe Ë-Auto ë-mobile, moteur à piston opposés, moteur à soupape rotative, libralato engine par exemple)

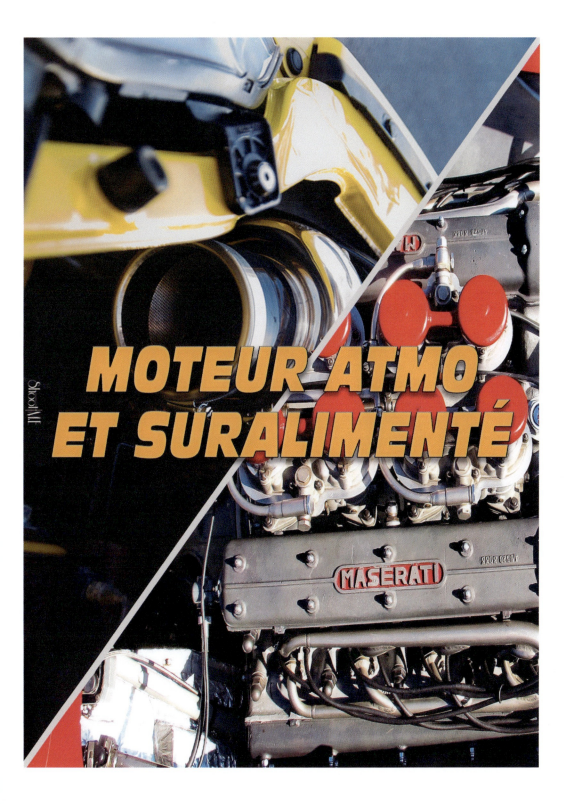

LE MOTEUR THERMIQUE (COMBUSTION INTERNE) POUR LES NULS
- LES BASES -

MOTEUR ATMOSPHÉRIQUE ET SURALIMENTÉ

Les moteurs atmosphériques et suralimentés

Il y a principalement deux façons d'apporter de l'air à son moteur.

Soit de façon naturelle, c'est-à-dire atmosphérique, ce qui veut dire que c'est le moteur qui aspire l'air à l'intérieur de lui.

Soit par la suralimentation, grâce à un turbocompresseur, à un compresseur ou à la toute dernière invention, le turbo électrique.

Mais comment cela fonctionne-t-il réellement ?

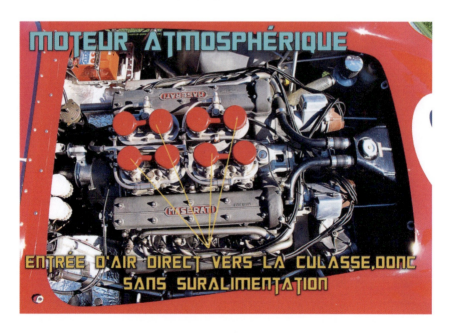

LE MOTEUR THERMIQUE (COMBUSTION INTERNE) POUR LES NULS
- *LES BASES* -

Moteur atmosphérique : le moteur atmosphérique dit « moteur atmo », désigne un moteur à combustion interne sans suralimentation (ne possède ni turbo, ni compresseur ; pour faire simple, sans système qui sert à gaver le moteur d'air comme on gaverait un canard pour le foie gras), avec une alimentation en air classique. Tout simplement, l'air rentre dans le moteur grâce à l'aspiration créée par le piston lorsque celui-ci descend dans le cylindre.

AVANTAGES :

- Sonorité bien meilleure qu'un moteur turbo ;
- Moteur plus léger car il n'y a ni compresseur ni turbo (dans le cas du turbo, celui-ci alourdit d'avantage le moteur, car il faut un collecteur d'échappement et d'admission plus longs, l'ajout d'un échangeur (refroidisseur pour refroidir l'air compressé), l'ajout d'une Wastegate et d'une dump valve, dont j'en parlerai davantage dans les tomes 2 et 3) ;
- Moteur plus linéaire, c'est-à-dire que la montée en régime est plus régulière ;
- + de réponse à très bas régime (régime moteur où le turbo ne rentre pas en action car celui-ci a peu d'inertie) ;
- Inertie du moteur moins importante, c'est-à-dire que la baisse du régime moteur est plus rapide lorsqu'on lâche l'accélérateur.

INCONVÉNIENTS :

- Moteur peu coupleux par rapport aux moteurs suralimentés, même à puissance équivalente. Cela est dû à une pression plus élevée dans la chambre de combustion des moteurs suralimentés ;
- À moins d'avoir une grosse cylindrée ou beaucoup de chevaux, ce type de moteur peine ÉNORMEMENT dans les grosses montées, notamment sur voies rapides. Cela est dû notamment au manque de couple du moteur et de pression dans la chambre de combustion (celui-ci contrebalance la force d'attraction de la voiture sur une pente) ;
- Consommation plus élevée ;
- Pollution plus élevée.

LE MOTEUR THERMIQUE (COMBUSTION INTERNE) POUR LES NULS
- LES BASES -

Le moteur suralimenté (surnommé affectueusement le « moteur gavé comme un canard ») : le moteur suralimenté quant à lui, est un moteur muni d'un système(turbo, turbo électrique, compresseur) qui force l'air à l'intérieur du moteur avec des pressions pouvant atteindre 3 fois la pression atmosphérique, afin d'augmenter ses performances et son couple, car l'envoi d'une plus grande quantité d'air dans la chambre de combustion, est égal à l'envoi d'une plus grande quantité d'essence pour respecter le ratio 14,7/1 air/essence et donc, d' obtenir plus de performance sur un même moteur, tout ça en dépit de la fiabilité de celui-ci en cas de moteur non prévu (moteur de série) ou non préparé(moteur modifié) pour recevoir un système de suralimentation.

Pour faire simple, si on compare un moteur suralimenté par rapport à un moteur atmosphérique, pour un système de suralimentation qui envoie une pression de 1,5 bar de pression, on a l'équivalent d'un moteur atmosphérique 2 fois plus gros, et pour une pression de 2 bars de pression, c'est 3 fois plus gros. Sachant que la pression maximale pour certains turbos est de 2,5 bars, comment dire… ? Vous avez intérêt à avoir un moteur TRÈS SOLIDE pour supporter cette pression ! En revanche, votre « petit » moteur sera aussi puissant, voire plus puissant, qu'un gros V8 américain.

LE MOTEUR THERMIQUE (COMBUSTION INTERNE) POUR LES NULS
- LES BASES -

Il existe principalement 2 types de suralimentations :

1. Le turbocompresseur (mais tout le monde dit turbo, car c'est plus court et plus classe 😉)
2. Le compresseur
3. Le turbo électrique (je ne parlerai pas du turbo électrique, car ce moyen est à l'heure actuelle très peu répandu sur les voitures, seules quelques rares voitures le possèdent, et malheureusement je ne connais pas assez bien son fonctionnement pour vous l'expliquer comme il se doit).

LE TURBO

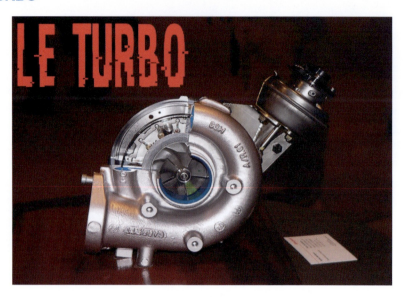

Le turbo (et je ne parle ni du film, ni de l'émission bien évidemment), qui s'appelle en réalité turbocompresseur, est une invention créée par Louis Renault, le créateur de la firme automobile Renault.

Le fonctionnement du turbocompresseur est simple, il y a deux turbines, comme ceci ;

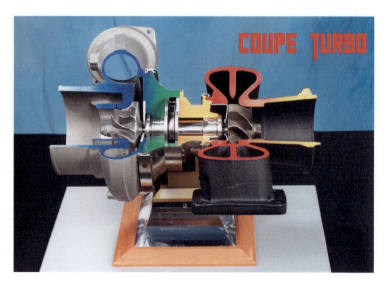

LE MOTEUR THERMIQUE (COMBUSTION INTERNE) POUR LES NULS
- *LES BASES* -

Ces deux turbines sont reliées par un même axe, l'une est reliée à l'échappement (partie rouge) et l'autre se situe côté admission (partie bleue). Les gaz d'échappement font tourner la turbine côté échappement du turbo, ce qui fait également tourner la turbine côté admission. Lorsque le turbo tourne suffisamment vite, celui-ci commence alors à faire effet et le turbo comprime l'air dans le moteur (jusqu'à 3 bars de pression soit 3 fois la pression atmosphérique), ce qui augmente ses performances de façon significative et brutale. À savoir qu'un turbo possède une vitesse de rotation qui varie selon les modèles, la taille et le moteur.

Il peut aller de 150 000 tr/min à 200 000, voire 250 000 tr/min (et je n'exagère pas du tout), d'où la nécessité de le relier au système de lubrification et, dans certain cas, au refroidissement du moteur.

AVANTAGES :

- Beaucoup de couples lorsque le turbo s'enclenche, comparativement à un moteur atmosphérique de même puissance ;
- Moteur plus puissant pour une même cylindrée ;
- Un turbocompresseur est hyper compact, plus léger, plus efficace en matière de rendement et plus facile à installer qu'un compresseur classique entraîné par une courroie ;
- Un turbocompresseur a été conçu pour être très à l'aise à hauts régimes. Certains moteurs, grâce au turbo, peuvent monter jusqu'à 12 000 t/min pour les moteurs préparés (car le turbo est suffisamment gros pour maintenir la pression jusqu'à ce régime moteur), là où l'efficacité d'un compresseur mécanique se dégrade ;
- Il exploite l'énergie cinétique des gaz d'échappement (qui est une énergie perdue pour le moteur atmosphérique) pour comprimer les gaz d'admission, contrairement au compresseur mécanique qui prend de l'énergie mécanique au moteur.

INCONVÉNIENTS :

- Les gaz d'échappement sont gênés par la turbine du turbocompresseur, nuisant légèrement à ses performances à bas régime (lorsque le turbo ne fait pas effet) ;
- Comme mentionné précédemment, un turbocompresseur « classique » n'est efficace que lorsque le turbo tourne assez vite, donc à un certain régime moteur (1000 à 2000 tr/min pour les voitures classiques, pouvant monter

jusqu'à 6 000 sur certains moteurs préparés), contrairement au compresseur mécanique qui tourne et fait effet immédiatement ;

- Lors d'un « coup » d'accélérateur, le turbocompresseur peut manifester un certain temps de réponse, laps de temps où la quantité de gaz d'échappement ne suffit pas encore à faire accélérer et tourner la turbine du turbocompresseur au régime idéal. En langage automobile, on parle de l'effet « lag ». Cet inconvénient est absent avec les compresseurs mécaniques. En course automobile, en l'an 80, certaines voitures ayant des moteurs de faible cylindrée avec des turbos très gros et puissants (R5 turbo, Peugeot 205 T16, etc.) possédaient un lag tellement important que le pilote appuyait déjà sur l'accélérateur avant même d'avoir commencé le virage, afin que le turbo prenne des tours pour s'enclencher à la sortie du virage. Cette pratique obligeait alors le pilote à appuyer sur l'embrayage tout en appuyant à la fois sur le frein et l'accélérateur du pied droit, comment ? Les doigts de pied sur les freins, et le talon sur l'accélérateur, afin de maintenir le moteur dans les tours pendant que la voiture freinait.

Cette technique sera reprise pour le drift et le rallye sous le nom du talon-pointe.

Mais au sujet des deux derniers inconvénients, les constructeurs ont tellement dépensé d'argent pour améliorer les turbos que ces inconvénients sont quasi résolus avec les turbocompresseurs modernes. Grâce à divers moyens, comme la technologie de turbo à géométrie variable, le turbo Twin-Scroll, la pose de roulement à la place des paliers à bain d'huile sur l'axe et plus récemment, le turbo hybride-électrique (utilisé notamment en Formule 1).

LE COMPRESSEUR

Schéma compresseur mécanique

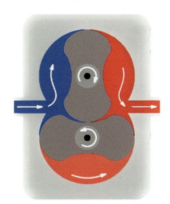

Le compresseur mécanique de voiture, que l'on peut reconnaître grâce à son sifflement (voir la Challenger Démon pour avoir le son) est beaucoup plus ancien que le turbocompresseur. Il avait quasiment disparu dans les années 70 avec l'explosion du turbocompresseur, car celui-ci était plus efficace, mais revient dans pas mal de grosses cylindrées (comme sur les Dodge Challenger et Charger) aujourd'hui. Son but est exactement le même que le turbocompresseur : gaver le moteur d'air.

LE MOTEUR THERMIQUE (COMBUSTION INTERNE) POUR LES NULS
- LES BASES -

Mais sa technique est à l'opposé de celui-ci ; comme le montre l'image plus haut, le compresseur est entraîné par courroie grâce au vilebrequin.

Appelé « compresseur à vis », son fonctionnement est extrêmement simple : faire tourner deux rotors qui vont acheminer l'air vers l'extérieur et le compresser contre la paroi, comme le montre le schéma au-dessus. L'air acheminé par les deux rotors est propulsé vers le moteur, ce qui comprime l'air dans celui-ci. Il est donc comprimé jusqu'à ce que sa pression soit suffisante pour qu'il se redirige vers le moteur (pression maximale de 0.8 à 1,2 bar).

AVANTAGES :

- Tout comme le turbocompresseur, le compresseur augmente le couple et la puissance du moteur. Il possède cependant un gros avantage en plus : sa liaison avec le vilebrequin lui permet d'avoir une meilleure réactivité et le compresseur fait effet dès les plus bas régimes, ce qui améliore l'agrément de conduite ;

- Le principal avantage est qu'il est actif à faible régime et qu'il permet d'avoir un couple très élevé à bas régime ;

- Comme il envoie une pression assez faible d'air (0,8 à 1 bar), il est très prisé par les préparateurs pour les gros moteurs atmosphériques, car il endommage peu le moteur, comparativement à un turbocompresseur qui nécessite de changer certaines pièces du moteur.

INCONVÉNIENTS :

- La plupart du temps posé sur le moteur, celui-ci augmente le centre de gravité de la voiture, ce qui dégrade son adhérence en virage, et augmente le risque de faire des tonneaux ou des roues arrière (bon perso, ça ne me dérange pas du tout les roues arrière) ;

- Un prix élevé lié à une production faible de compresseur mécanique, car les gros moteurs se font rares de nos jours ;

- Une pression de suralimentation relativement faible (0,8 à 1,0 bar) alors que le turbo peut monter à une pression pouvant atteindre les 3 bars ;

- Un rendement lui aussi faible, à cause de la puissance importante prélevée au moteur, car il est relié au vilebrequin à l'aide d'une courroie.

LES ARCHITECTURES MOTEUR

Qu'est-ce que l'architecture moteur ?

L'architecture moteur, c'est comme l'architecture des maisons, élégante et pratique.

C'est la disposition des cylindres dans le moteur par rapport au vilebrequin. En clair, c'est une disposition des pièces d'un moteur pour avoir certains avantages que d'autres architectures ne possèdent pas.

Exemple : un moteur avec 6 pistons en ligne possède un équilibre parfait, donc peu de vibrations, ce que beaucoup d'architectures moteur n'ont pas.

LE MOTEUR THERMIQUE (COMBUSTION INTERNE) POUR LES NULS
- LES BASES -

Le moteur en V

Un moteur à architecture en V, ou moteur en V, est une architecture où les cylindres (et donc les pistons) sont placés en longueur sur deux bancs de cylindres séparés, reliés en leur partie basse et disposés selon un certain angle (de 10 à 135°), formant un V lorsqu'il est observé de face.

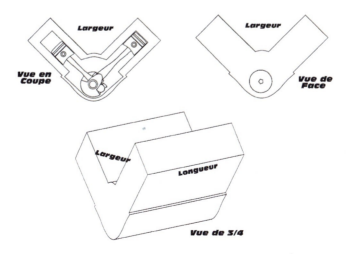

LE MOTEUR THERMIQUE (COMBUSTION INTERNE) POUR LES NULS
- LES BASES -

Cette architecture permet de placer les cylindres plus près les uns des autres, ce qui réduit la longueur du moteur afin d'obtenir un fonctionnement généralement plus souple et plus coupleux dès les bas régimes.

Les bielles d'une paire de cylindres (donc la rangée où les deux cylindres sont face à face) sont généralement placées sur le même maneton du vilebrequin (partie du vilebrequin où est fixé le piston), rarement sur deux manetons décalés, comme ce que l'on retrouve par exemple sur le moteur « flat boxer » de Porsche ou Subaru. Lorsqu'elles partagent le même maneton, elles peuvent être placées côte à côte ou être entrecroisées, comme sur les célèbres V8 des vieilles voitures ou le V-twin qui équipe les motos de la marque Harley-Davidson.

D'une conception initialement complexe et extrêmement coûteuse, car elle nécessite le moulage et l'assemblage de trois grandes parties principales (les deux blocs-cylindres + le bas moteur commun), cette architecture deviendra un standard sûr de nombreux véhicules de série, surtout aux États-Unis, grâce à la motivation du richissime et créateur de l'automobile bon marché, le fabuleux Henry Ford.

En effet, ce dernier, qui lança la Ford V8 en 1932, parvint à mettre au point une technique de fonderie spéciale permettant de couler ces trois parties en une seule.

L'angle d'ouverture est un paramètre assez important dans un moteur en V. Dans la production automobile courante, les moteurs ont un angle entre 45° et 90°.

Les meilleures configurations possibles étant : V6 (ou V12) à 60°, V8 à 90° et V10 à 72° :

> **AVANTAGES :**

- Plus compact, il est presque deux fois plus court qu'un moteur en ligne ayant le même nombre de cylindres. Sa structure courte est également bien plus rigide en torsion, ce qui permet de pousser un peu plus le moteur et permet de faire partie intégrante du châssis comme sur certaines voitures de compétition (comme les F1, pour ne citer qu'elles). Les moteurs en ligne ne permettent pas ce genre de chose, car ils nécessitent un support moteur qui pourra supporter les vibrations créées par celui-ci ;

- Vilebrequin plus court donc plus léger et plus rigide, ce qui améliore le couple à bas régime et le rendement moteur ;

- Moins de vibrations et équilibre parfait, notamment pour un V6, v8 et v12 ;

- Abaisse généralement le centre de gravité, surtout sur les moteurs avec un V très ouvert, même si celui-ci ne s'abaisse pas autant que pour les moteurs à architecture à plat. Ceci est un excellent gage de stabilité sur les voitures, et je

LE MOTEUR THERMIQUE (COMBUSTION INTERNE) POUR LES NULS
- LES BASES -

trouve dommage que cela ne soit pas plus répandu sur les voitures de monsieur tout le monde.

INCONVÉNIENTS :

- Équilibre vibratoire difficile, pour un V6 à 45° ou 90° ;
- Moteur plus complexe et donc plus cher à fabriquer ;
- Moteur plus large qu'un moteur à cylindres en ligne ;
- Nécessité d'un circuit de refroidissement plus soigné, voire de deux pompes à eau pour certains, une pour chaque rangée.

Moteur VR (dérivée moteur en V)

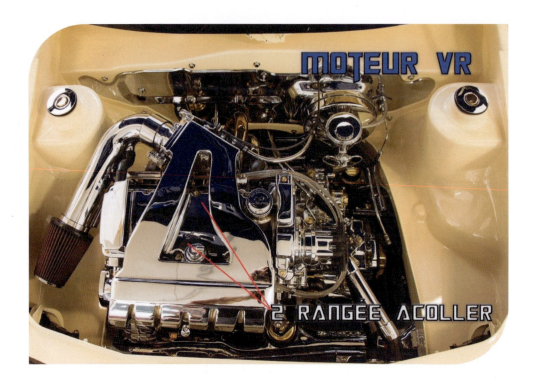

Le moteur VR est un moteur automobile en V avec un angle très fermé de 15°. Inventé par Vincenzo Lancia en 1915, le fondateur du légendaire constructeur automobile italien Lancia, il est développé et utilisé actuellement par tout le groupe Volkswagen (Volkswagen forcement, mais aussi Bentley, Bugatti, etc.). La dénomination utilise le « V » pour *« moteur en V »*, le « R » venant de l'allemand *« reihenmotor »* qui veut dire « moteur en ligne ».

LE MOTEUR THERMIQUE (COMBUSTION INTERNE) POUR LES NULS
- LES BASES -

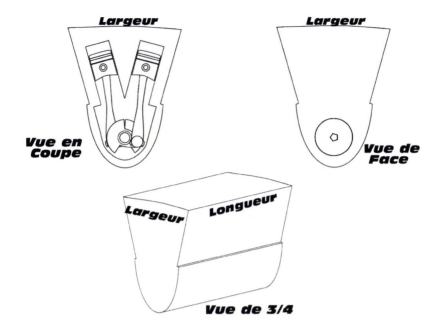

La technologie VR existe en plusieurs versions en 4, 5, 8 cylindres. Aussi, elle est utilisée actuellement pour les moteurs en W du groupe Volkswagen et représente la moitié des 2 rangées de cylindres de celui-ci.

AVANTAGES :

- Plus compact, il est presque deux fois moins large qu'un moteur en V classique. Sa structure lui permet d'être mis en position en large dite transversale, comme pour les voitures classiques ;
- Moteur plus léger et plus rigide, il coûte moins cher à la fabrication qu'un moteur en V ;
- Possède également les mêmes avantages en longueur que les moteurs en V, donc moteur plus court, plus rigide ; et grâce à son vilebrequin court, dure plus longtemps.

INCONVÉNIENTS :

- Centre de gravité plus haut ;
- Moteur qui est moins équilibré qu'un moteur en V ;

LE MOTEUR THERMIQUE (COMBUSTION INTERNE) POUR LES NULS
- LES BASES -

- Joint de culasse excessivement cher, car très complexe à fabriquer ;
- Culasse plus complexe à fabriquer par rapport à un moteur en ligne (mais reste moins chère qu'un moteur en V), car les deux culasses n'en forment qu'une, pour le même nombre de cylindres qu'un moteur en V.

LE MOTEUR THERMIQUE (COMBUSTION INTERNE) POUR LES NULS
- LES BASES -

Moteur à plat

Schéma basique d'un moteur à plat :

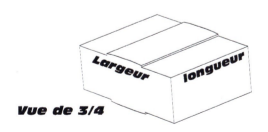

LE MOTEUR THERMIQUE (COMBUSTION INTERNE) POUR LES NULS
- LES BASES -

Un moteur à plat (appelé aussi moteur flat) est un moteur thermique dans lequel les pistons sont face à face ou, dans le cas du moteur boxer, face à face et opposés, normalement en nombre pair, disposés de part et d'autre du vilebrequin. Le mot « boxer » fait référence aux mouvements des pistons, semblables à ceux d'un boxeur. Les gangs de boxe représentant les pistons (schéma de deux boxeurs imitant un moteur 4 cylindres à plat « boxer »)

Ce moteur est inventé, crée et breveté en 1896 par l'ingénieur allemand Carl Benz, et repris entre autres en 1938 par Ferdinand Porsche pour ses voitures mythiques, telles que la Volkswagen Coccinelle et son flat 4, la Porsche 356 et la fameuse et mythique caisse de légende de Porsche, la Porsche 911 et son flat-6.

Il est également utilisé dans le monde de la moto, de l'aviation légère, et des voitures de sport, telles que les Ferrari 365 GT4 BB, 512 BB, et Testarossa à moteur à plat 12 cylindres ou en V à 180° non-boxer, c'est-à-dire que les pistons sont placés sur le même maneton, comme pour les moteurs en V.

AVANTAGES :

- L'architecture même du moteur à plat lui confère un gros avantage, face aux moteurs en ligne et aux moteurs en V sur le plan du comportement dynamique du véhicule. Les pistons étant placés horizontalement, le moteur est installé très bas sur le châssis, participant ainsi à abaisser sensiblement le centre de gravité de la voiture, ce qui améliore grandement la tenue de route du véhicule ;

LE MOTEUR THERMIQUE (COMBUSTION INTERNE) POUR LES NULS
- LES BASES -

- L'architecture du moteur permet un couple à bas régime supérieur face au moteur en ligne et en V, car les pistons sont opposés et cette motorisation offre par ailleurs un bon équilibre puisque les forces d'inertie d'un piston sont automatiquement équilibrées par celles de l'autre piston ce qui permet aussi d'éliminer presque toute vibration, notamment les vibrations désagréables que l'on retrouve très souvent sur les 3 cylindres.

INCONVÉNIENTS :

- Par cette architecture, l'accessibilité mécanique est parfaite pour les motos, mais très énervante et contraignante sur une automobile, car c'est toujours la galère pour les réparations. Exemple : dans certaines Subaru, juste pour retirer les bougies d'allumages, il faut démonter et enlever le moteur entier de la voiture, car le moteur est collé aux parois ;
- À cause de la disposition des conduits d'admission et d'échappement, il y a un risque d'interférence avec les éléments de suspension, ce qui oblige les constructeurs à faire des moteurs qui ont des pistons du type « gamelle pour chat », c'est-à-dire que ses moteurs ont des pistons avec un diamètre énorme, et qui ont une petite course de piston (bielle petite, vilebrequin petit en largeur), et ceci se révèle être très problématique dans certaines situations.

LE MOTEUR THERMIQUE (COMBUSTION INTERNE) POUR LES NULS
- LES BASES -

Moteur en ligne

Un moteur avec cylindres en ligne est une architecture de moteur. La différence par rapport aux autres architectures est que les cylindres sont placés les uns à côté des autres, formant alors une ligne. C'est l'architecture de moteur automobile la plus utilisée dans le monde et notamment en Europe.

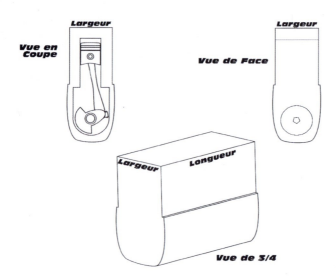

LE MOTEUR THERMIQUE (COMBUSTION INTERNE) POUR LES NULS
- LES BASES -

Le moteur avec cylindres en ligne est de conception relativement facile. Sa distribution → chaîne ou courroie du moteur qui synchronise le vilebrequin (partie basse où il y a les pistons) et les arbres à cames (ce qui fait bouger les soupapes) est simple à assurer (une seule rangée de cylindres, donc une seule distribution).

Le meilleur moteur en ligne reste les moteurs 6 cylindres en ligne qui ont un équilibrage parfait.

AVANTAGES :

- Un moteur en ligne a un coût de fabrication moindre par rapport aux autres architectures moteurs ;
- Un moteur en ligne est moins large que les autres architectures de moteur, car elle ne possède qu'une rangée ;
- Un moteur en ligne a un coût d'entretien extrêmement bas par rapport aux autres architectures.

INCONVÉNIENTS :

- Son encombrement est plus important qu'un moteur à plat, en W ou en V de même cylindrée, notamment dans le cas d'un grand nombre de cylindres ;
- Les moteurs à deux ou trois cylindres présentent des vibrations importantes qui nécessitent des artifices, comme des arbres d'équilibrage ;
- Le gros point noir de ce moteur, c'est son vilebrequin qui s'endommage plus vite lorsque le moteur possède beaucoup de cylindres (6, 8 voire 10 cylindres, - assez rare quand même -) notamment lorsque le moteur monte très haut dans les tours, car à cause de sa longueur, le vilebrequin aura plus de torsion qu'un vilebrequin court et s'endommagera donc bien plus vite.

LE MOTEUR THERMIQUE (COMBUSTION INTERNE) POUR LES NULS
- LES BASES -

Moteur W

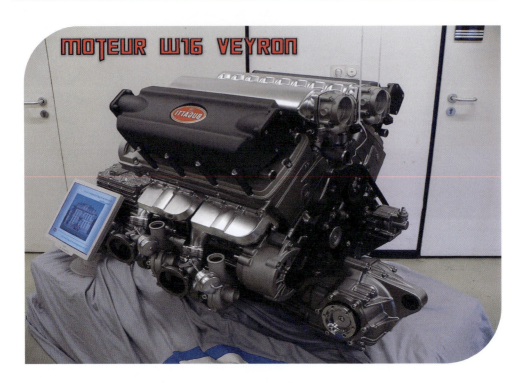

Source : « Wikipédia »

Schéma basique du moteur W

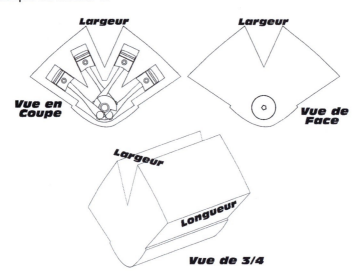

LE MOTEUR THERMIQUE (COMBUSTION INTERNE) POUR LES NULS
- LES BASES -

Le FAMEUX MOTEUR W, il existe deux types de moteurs à architecture en W :

1. La première est la disposition en double V accolé, ce qui donne trois rangées de cylindres.

2. La deuxième, qui est la plus répandue actuellement est une disposition en double V séparé, ce qui donne quatre rangées de cylindres (pouvant être regroupées deux par deux, ou pour les connaisseurs, deux rangées de moteur VR).

Le moteur à cylindres en W est de base, une variante du moteur avec cylindres en V qui comporte trois bancs de cylindres (soit la première disposition citée plus haut).

Ce type de moteur a principalement été utilisé dans les avions. Le mythique moteur à 3 bancs « Napier Lion », était très apprécié par l'armée et a servi sur différentes voitures de record. À l'heure actuelle, c'est le moteur en W à 3 rangées qui est le plus connu.

Actuellement, on utilise le deuxième type de moteur à cylindres en W, un assemblage de deux blocs-moteurs en V fermé, plus communément appelé VR (moteur en V à une rangée avec 10° d'écart entre les deux rangées de cylindres). Chaque bloc en V présente un bloc et une culasse unique, comme celle d'un moteur en ligne, les cylindres étant disposés en quinconce.

AVANTAGES :

- Longueur réduite par rapport à un moteur en V de cylindrée équivalente ;
- Vilebrequin plus court, donc moins de torsion ;
- Couple encore plus important par rapport à un moteur V12 de même cylindrée.

INCONVÉNIENTS :

- Moteur très large, aussi large qu'un moteur à plat ;
- Culasse plus complexe, car deux rangées de moteurs en V ;
- Coût très élevé ;
- Moteur moins efficace qu'un moteur V8 par exemple, car demande plus de réglage pour rester synchronisé (3 à 4 bancs - ou rangée - de cylindres à synchroniser, au lieu de 2 pour le moteur en V), et qui a énormément de pièces en mouvement (6 à 8 arbres à cames, distribution plus complexe, etc.), d'où sa comparaison à une horloge ou à une usine à gaz.

Moteur en U

Source : « Wikipédia : moteur Matra Simca bagheera»

L'architecture en U est un assemblage de deux moteurs en ligne dont les deux vilebrequins sont reliés par l'intermédiaire d'un engrenage ou d'une chaîne. Le concept de moteur en U a été étudié par la marque Matra pour son modèle mythique de la Bagheera, dont deux prototypes, dénommés « U8 », ont été dotés d'un assemblage de deux moteurs de la marque Simca.

LE MOTEUR THERMIQUE (COMBUSTION INTERNE) POUR LES NULS
- LES BASES -

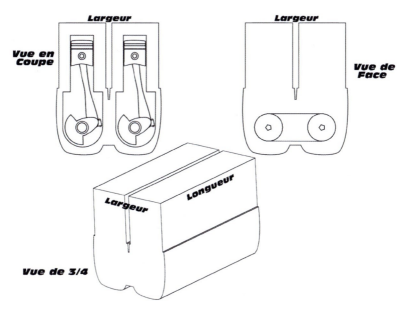

Pour que le montage du moteur soit le plus simple possible, il faut que les deux moteurs soient inversés l'un par rapport à l'autre, pour que le côté admission (ou échappement) de chacun soit au centre du U, à l'intérieur des deux rangées de cylindres. On retrouve aussi un moteur en U sur certaines locomotives françaises pour réduire le coût de fabrication.

AVANTAGES :

- Coût de fabrication extrêmement réduit par rapport à un moteur en V classique, car ne nécessite pas de partie base en V, donc plus facile à fabriquer et moins cher ;
- Moyen extrêmement pratique de créer des moteurs en V à partir de moteurs en ligne ;
- Moteur plus facile à synchroniser et avec plus de liberté qu'un moteur en V classique.

INCONVÉNIENTS :

- Moteur plus large qu'un moteur en V ;
- Nécessite une courroie sur-mesure, ainsi que tous les composants externes en double ;

LE MOTEUR THERMIQUE (COMBUSTION INTERNE) POUR LES NULS
- *LES BASES* -

- Nécessite le double de refroidisseurs, ou un refroidisseur avec 2 entrées et 2 sorties pour chaque moitié du moteur ;

- Entretien certes moins coûteux, mais demande plus d'expérience pour éviter la désynchronisation des deux blocs-moteurs ;

- Support moteur spécifique et calage du moteur dans le compartiment plus complexe.

LE MOTEUR THERMIQUE (COMBUSTION INTERNE) POUR LES NULS
- LES BASES -

Moteur en étoile

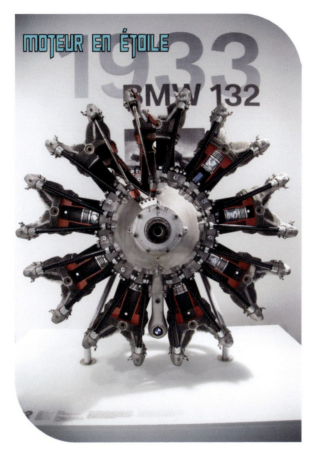

L'architecture en étoile est assez spéciale. Inventé et fabriqué par le Français Felix Millet en 1887 celui-ci a existé sous deux versions :

- Une version avec un vilebrequin fixe, c'est-à-dire que ce n'est pas le moteur qui faisait tourner quelque chose, mais c'était le moteur lui-même qui tournait ! Le vilebrequin servant juste de support. Celui-ci est alors considéré comme le premier moteur rotatif moderne avant l'arrivée du moteur Rotatif Wankel (que l'on appellera « version rotative ») ;

- Et une version avec un vilebrequin amovible, c'est-à-dire qu'il fonctionnait comme un moteur classique, le moteur était fixe et le vilebrequin était amovible pour faire tourner ou faire avancer quelque chose (que l'on appellera « version fixe »).

LE MOTEUR THERMIQUE (COMBUSTION INTERNE) POUR LES NULS
- LES BASES -

Ces cylindres sont répartis autour du vilebrequin de façon circulaire. Il a été utilisé pour des moteurs d'avion, notamment pour avoir un meilleur refroidissement, pour avoir un moteur avec beaucoup de cylindres tout en étant très court. Il a également séjourné en version réduite dans la roue d'une moto, oui, vous avez très bien lu ! Il s'est retrouvé dans la roue avant de la moto « Megola » en version rotative, c'est-à-dire avec un vilebrequin fixe (donc, le moteur était fixé sur la roue et la faisait tourner).

Mais cette architecture (en version fixe) est rarement installée dans une voiture de série. Seules quelques rares voitures modifiées possèdent ce genre de moteur, mais surtout, ces voitures ne peuvent pas rouler à cause du manque de visibilité créé par le moteur. Bien évidemment la version rotative n'existe pas dans l'automobile.

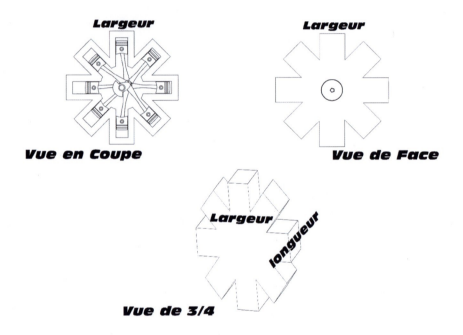

AVANTAGES :

- Moteur avec une longueur très réduite (la taille d'un cylindre) ;
- Moteur ayant moins de vibration qu'un moteur en ligne ;
- Moteur très souple (avec autant de cylindres et sa forme particulière, c'est logique, lol).

LE MOTEUR THERMIQUE (COMBUSTION INTERNE) POUR LES NULS
- LES BASES -

> **INCONVÉNIENTS :**

- Moteur avec un diamètre très important. En général le moteur mesurait moitié moins que l'hélice de l'avion et pour les véhicules normaux, c'est un peu embêtant de mettre ce genre de moteur, c'est d'ailleurs la principale raison de leur rareté dans ce domaine ;

- Moteur qui nécessite trop de pièces spéciales pour être mis dans une voiture ;

- Échappement et admission très complexes et cher, principale raison de sa disparition dans les avions à hélice d'aujourd'hui.

LE MOTEUR THERMIQUE (COMBUSTION INTERNE) POUR LES NULS
- LES BASES -

Donc voilà ! Maintenant vous connaissez les bases du moteur thermique, leur histoire, leur fonctionnement, ainsi que les différents moteurs à combustion interne les plus utilisés. J'espère que vous avez apprécié ce livre qui me tenait énormément À CŒUR, et que j'ai pris plaisir à rédiger.

D'ailleurs ! Faites comme les autres ! Pensez à laisser un commentaire Client (et dire ce que vous en avez pensé) ou lâcher une note au livre 👍. Et de permettre aux autres d'avoir un avis du livre ou une note grâce à vous.

Pensez et n'hésitez pas à parler de mon livre autour de vous et sur ce, bonne journée, bonne soirée, gardez le sourire, car c'est ce qu'il y a de plus important dans la vie, sauvons les 100% thermiques, les 100%Meca, et on se retrouve pour le Tome 2 ! C'était Darius, de la chaîne YouTube « All Motors Glory » (si vous vous intéressez aux belles mécaniques et aux voitures thermiques, cette chaîne est faite pour vous).

Darius KCM
ALL MOTORS GLORY

TOME
1/4

LE MOTEUR THERMIQUE (COMBUSTION INTERNE) POUR LES NULS
- LES BASES -

REMERCIEMENT

Je voudrais remercier Liliae et Polgara du site 5euros.com pour leurs travaux extraordinaires sur le livre :

- Liliae pour m'avoir donné son avis détaillé sur le livre, m'avoir guidé sur les choses à améliorer, et pour m'avoir signalé la présence de nombreuses fautes d'orthographe ;
- Et Polgara qui a corrigé les fautes d'orthographe présentes dans ce livre.

Je remercie également les commentaires Amazon sur les deux premières éditions qui m'ont aidé à voir les erreurs (malgré la méchanceté de certains commentaires), ce qui m'a permis d'améliorer ce livre pour sa nouvelle édition.

LE MOTEUR THERMIQUE (COMBUSTION INTERNE) POUR LES NULS
- LES BASES -

© 2021 All Motors Glory®

Le Code de la propriété intellectuelle n'autorisant, aux termes de l'article L. 122-5 (2 et 3a), d'une part, que les "copies ou reproductions strictement réservées à l'usage prive du copiste et non destinées à une utilisation collective" ;

"toute représentation ou reproduction intégrale ou partielle faite sans le consentement de l'auteur (donc moi, Darius) est illicite" (art. L. 122-4).

Cette représentation ou reproduction, par quelque procédé que ce soit, constituerait donc une contrefaçon sanctionnée par les articles L. 335-2 et suivants du Code de la propriété intellectuelle

All Motors Glory ® YouTube, chaîne automobile

https://www.youtube.com/AllMotorsGlory

LE MOTEUR THERMIQUE (COMBUSTION INTERNE) POUR LES NULS
- *LES BASES* -

LE MOTEUR THERMIQUE (COMBUSTION INTERNE) POUR LES NULS
- LES BASES -

LE MOTEUR THERMIQUE (COMBUSTION INTERNE) POUR LES NULS
- LES BASES -

Printed in Poland
by Amazon Fulfillment
Poland Sp. z o.o., Wrocław
09 June 2024

820f3d1b-e50c-4049-a67d-cc8db50129c2R01